住房城乡建设部土建类学科专业“十三五”规划教材
住房和城乡建设部中等职业教育建筑施工与建筑装饰专业指导委员会规划推荐教材

建筑工程计算机辅助技术应用

王昌辉　主　编

中国建筑工业出版社

图书在版编目（CIP）数据

建筑工程计算机辅助技术应用 / 王昌辉主编 . —北京：中国建筑工业出版社，2014.12

住房城乡建设部土建类学科专业“十三五”规划教材 住房和城乡建设部中等职业教育建筑施工与建筑装饰专业指导委员会规划推荐教材

ISBN 978-7-112-17567-3

Ⅰ.①建… Ⅱ.①王… Ⅲ.①建筑制图—计算机辅助设计—AutoCAD软件—中等专业学校—教材 Ⅳ.①TU204

中国版本图书馆CIP数据核字（2014）第282387号

本书以项目教学为特色，内容循序渐进，融理论知识、实践技能为一体。每一个项目都是从简单的操作入手，手把手地引导学生进行绘图操作，使学生通过精心设计的实例，在实际操作中真正掌握每一个命令，轻轻松松全面系统地学习和掌握建筑工程计算机辅助技术应用。教材采用标准化的编写方法，在内容安排和组织形式上做了新的尝试，为实施“做、学、教”一体化的教学奠定基础。

通过本书的学习，学生能了解建筑工程计算机辅助技术应用（AutoCAD）的绘图环境，熟悉基础图形绘制中的命令操作，掌握建筑平面图、建筑立面图、建筑剖面图、建筑详图绘制及布局与打印输出、建筑实体模型创建等内容，为今后在建筑工程设计、施工、管理中的工作岗位打下基础。

本书可作为职业院校土建类专业教材，也可作为学习建筑工程计算机辅助技术应用的参考书。为了更好地支持本课程教学，本书作者制作了教学课件，有需求的读者可以发送邮件至 2917266507@qq.com 免费索取。

责任编辑：聂 伟 吉万旺 陈 桦
书籍设计：京点制版
责任校对：李美娜 焦 乐

住房城乡建设部土建类学科专业“十三五”规划教材
住房和城乡建设部中等职业教育建筑施工与建筑装饰专业指导委员会规划推荐教材
建筑工程计算机辅助技术应用
王昌辉 主 编
*
中国建筑工业出版社出版、发行（北京海淀三里河路9号）
各地新华书店、建筑书店经销
北京京点图文设计有限公司制版
北京市密东印刷有限公司印刷
*
开本：787×1092 毫米 1/16 印张：11¾ 字数：267 千字
2018 年 1 月第一版 2018 年 1 月第一次印刷
定价：42.00 元（赠课件）
ISBN 978-7-112-17567-3
(26782)

本系列教材编委会

序言
Preface

住房和城乡建设部中等职业教育专业指导委员会是在全国住房和城乡建设职业教育教学指导委员会、住房和城乡建设部人事司的领导下，指导住房城乡建设类中等职业教育（包括普通中专、成人中专、职业高中、技工学校等）的专业建设和人才培养的专家机构。其主要任务是：研究建设类中等职业教育的专业发展方向、专业设置和教育教学改革；组织制定并及时修订专业培养目标、专业教育标准、专业培养方案、技能培养方案，组织编制有关课程和教学环节的教学大纲；研究制订教材建设规划，组织教材编写和评选工作，开展教材的评价和评优工作；研究制订专业教育评估标准、专业教育评估程序与办法，协调、配合专业教育评估工作的开展等。

本套教材是由住房和城乡建设部中等职业教育建筑施工与建筑装饰专业指导委员会（以下简称专指委）组织编写的。该套教材是根据教育部2014年7月公布的《中等职业学校建筑工程施工专业教学标准（试行）》、《中等职业学校建筑装饰专业教学标准（试行）》编写的。专指委的委员参与了专业教学标准和课程标准的制定，并将教学改革的理念融入教材的编写，使本套教材能体现最新的教学标准和课程标准的精神。教材编写体现了理论实践一体化教学和做中学、做中教的职业教育教学特色。教材中采用了最新的规范、标准、规程，体现了先进性、通用性、实用性的原则。本套教材中的大部分教材，经全国职业教育教材审定委员会的审定，被评为“十二五”职业教育国家规划教材。

教学改革是一个不断深化的过程，教材建设是一个不断推陈出新的过程，需要在教学实践中不断完善，希望本套教材能对进一步开展职业教育的教学改革发挥积极的推动作用。

住房和城乡建设部中等职业教育建筑施工与建筑装饰专业指导委员会

2015年6月

前言 Preface

建筑工程计算机辅助技术应用（AutoCAD）在我国建筑行业已经占据了主导地位，是职业教育建筑工程施工类学生的必修课，是为培养建筑工程施工专业学生实际操作能力而开设的实践技能课。为了使学生能在工作中充分利用建筑工程计算机辅助技术应用技术，通过实训培养学生熟练运用软件的能力，提高毕业生的就业竞争力，适应社会发展，编写了本书。

建筑工程计算机辅助技术应用主要用于建筑设计、建筑工程施工和建筑工程管理；在建筑设计上取代了传统的手工绘图，绘制出的图纸规范、美观、容易修改，不仅缩短了设计周期，还可以反复利用。常用的 Word、Excel 等软件的绘图功能与 AutoCAD 相差太多，AutoCAD 不仅能完成复杂图形的绘制，还能在 Word、Excel 等软件中转换，并且能完成施工方案、网络计划、技术资料等工作。在建筑工程管理中，AutoCAD 的绘图功能可以和计价软件相结合，有效加强了企业管理过程中的成本控制。

本书以项目教学为特色，内容循序渐进，融理论知识、实践技能为一体。每一个项目都是从简单的操作入手，手把手地引导学生一步一步进行绘图的各种操作，使学生通过精心设计的实例，在实际操作中真正掌握每一个命令，全面系统地学习和掌握建筑工程计算机辅助技术的应用。在职教专家的指导下，教材采用标准化的编写方法，在内容安排和组织形式上做了新的尝试，为实施“做、学、教”一体化的教学奠定基础。

通过本书的学习，学生能了解建筑工程计算机辅助技术应用（AutoCAD）绘图环境，熟悉基础图形绘制中的命令操作，掌握建筑平面图绘制、建筑立面图绘制、建筑剖面图绘制、建筑详图绘制及布局与打印输出、建筑模型创建等内容。

本书由贵州建设职业技术学院王昌辉任主编，贵州建设职业技术学院邹林、广州建筑工程职业学校费腾、杨春娣、云南建设学校陈超、绵阳职业技术学院钱珣共同参与本书的编写。

限于编者的专业水平和实践经验，书中疏漏或不妥之处在所难免，恳请广大读者批评指正。

目录 Contents

项目 1 预备知识

建筑工程计算机辅助技术主要用于建筑工程设计、建筑工程施工和建筑工程管理等方面。其在建筑设计上取代了传统的手工绘图，绘制的图纸规范、美观，容易修改，不仅缩短了设计周期，还可以反复利用。常用的 Word、Excel 等软件的绘图功能与 AutoCAD 相差太多，AutoCAD 不仅能完成复杂图形的绘制，还能在 Word、Excel 等软件中转换，并且能完成施工方案、网络计划、技术资料等编制工作。在建筑工程管理中，AutoCAD 与计价软件相结合，可有效实现企业管理过程中的成本控制。

1. 建筑工程计算机辅助技术的应用

（1）建筑工程设计

在建筑工程设计中，其主要用于绘制建筑施工图、结构施工图、设备施工图及建筑模型效果图等工作，如图 1-1 ～图 1-4 所示。

（2）建筑工程施工

在建筑工程施工中，主要用于绘制建筑工程隐蔽施工图、网络计划图、横道图、测量放线定位图、竣工图等工作，如图 1-5 ～图 1-7 所示。

（3）建筑工程管理

在建筑工程管理中，计算机辅助技术与计价软件相结合，运用计算机辅助技术的绘图功能绘制基本图形，由计价软件录入参数，两者结合后能创建出实体模型，从而计算出项目的工程量，通过工程量能计算成本和工期，为企业管理提供重要数据。

2. AutoCAD 简介

AutoCAD 是美国 Autodesk 公司开发的计算机辅助设计与绘图软件，它具有强大的二维和三维绘图功能，是当今世界上应用最为广泛的工程绘图软件，在机械、电子、造船、汽车、城市规划、建筑、测绘等许多行业都得到广泛应用。

AutoCAD 的主要功能如下：

（1）绘图功能

AutoCAD 是一种绘图软件，用户可以简单地使用键盘输入或者鼠标单击激活命令，系统会给出提示信息，使得计算机绘图变得简单易学。

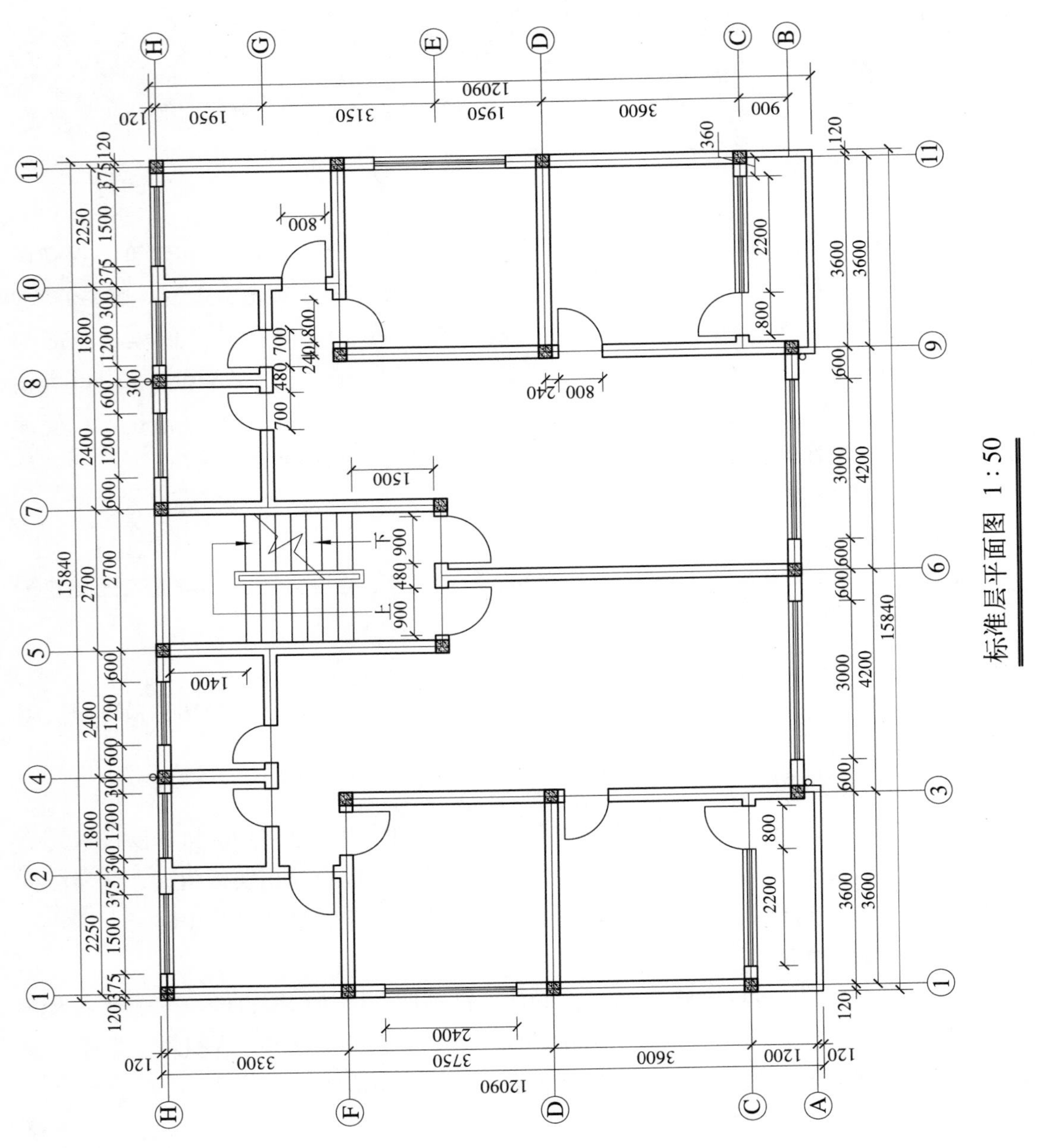

图 1-1　建筑施工图

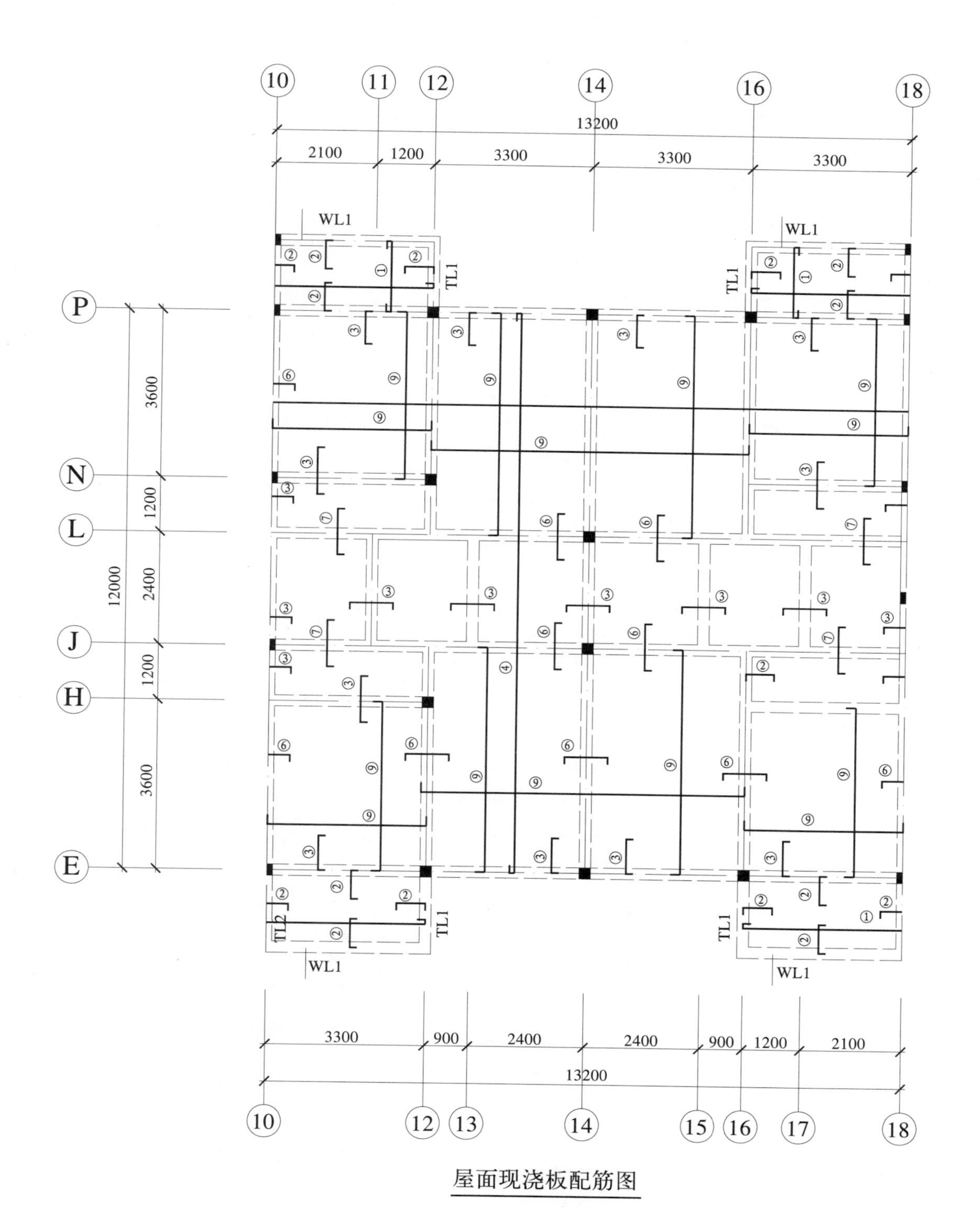
10
11
12
14
16
18
13200
2100
1200
3300
3300
3300
WL1
TL1
P
N
L
J
H
E
3600
1200
2400
1200
3600
12000
TL2
3300
900
2400
2400
900
1200
2100
13200
10
12
13
14
15
16
17
18
屋面现浇板配筋图

图 1-2　结构施工图

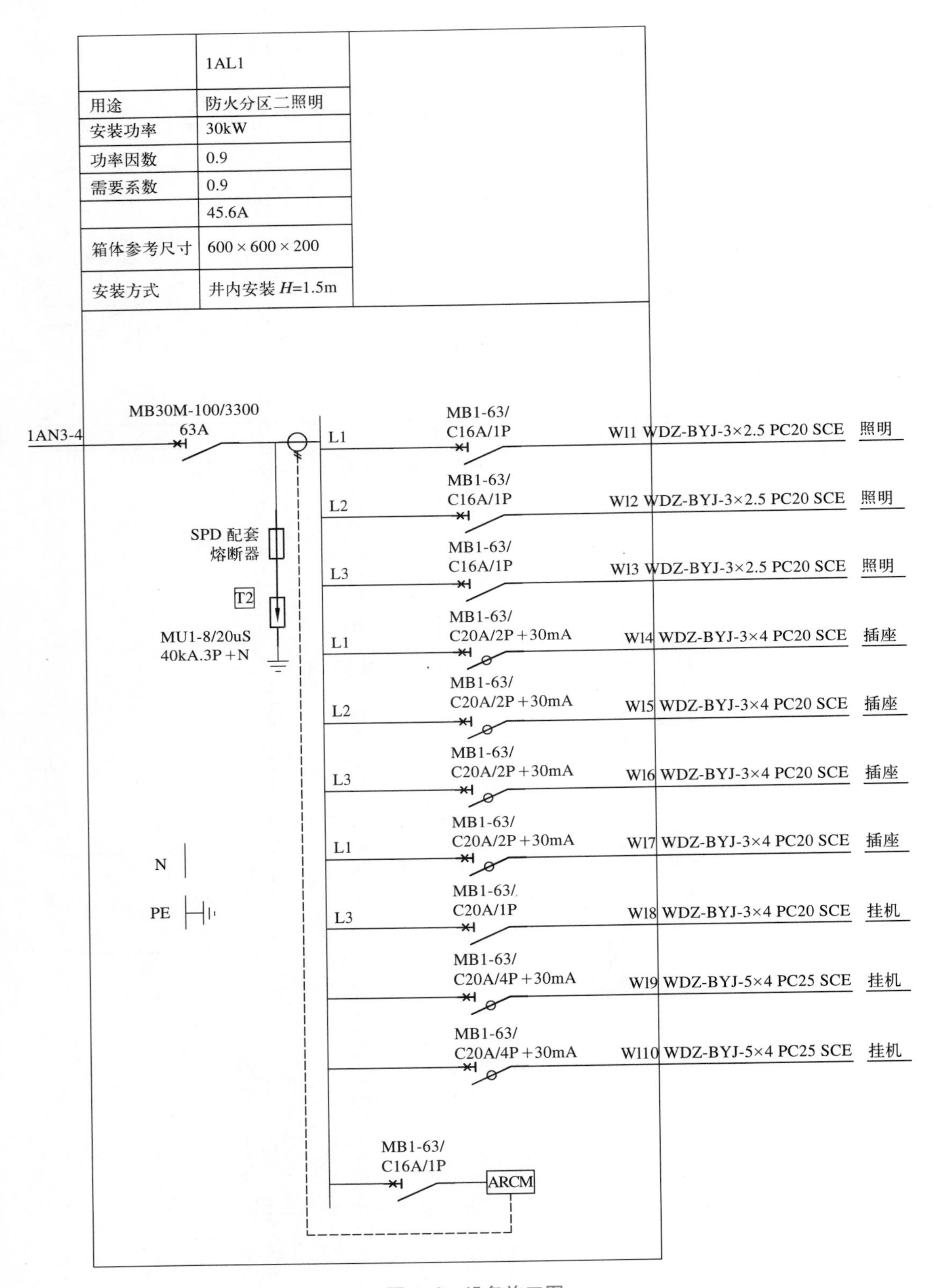

1AL1
用途
防火分区二照明
安装功率
30kW
功率因数
0.9
需要系数
0.9
45.6A
箱体参考尺寸
600 × 600 × 200
安装方式
井内安装 H=1.5m
MB30M-100/3300
63A
1AN3-4
L1
L2
L3
SPD 配套
熔断器
T2
MU1-8/20uS
40kA.3P +N
N
PE
MB1-63/
C16A/1P
C20A/2P +30mA
C20A/1P
C20A/4P +30mA
W11 WDZ-BYJ-3×2.5 PC20 SCE
照明
W12 WDZ-BYJ-3×2.5 PC20 SCE
W13 WDZ-BYJ-3×2.5 PC20 SCE
W14 WDZ-BYJ-3×4 PC20 SCE
插座
W15 WDZ-BYJ-3×4 PC20 SCE
W16 WDZ-BYJ-3×4 PC20 SCE
W17 WDZ-BYJ-3×4 PC20 SCE
W18 WDZ-BYJ-3×4 PC20 SCE
挂机
W19 WDZ-BYJ-5×4 PC25 SCE
W110 WDZ-BYJ-5×4 PC25 SCE
ARCM

图 1-3 设备施工图

图 1-4 单体效果图

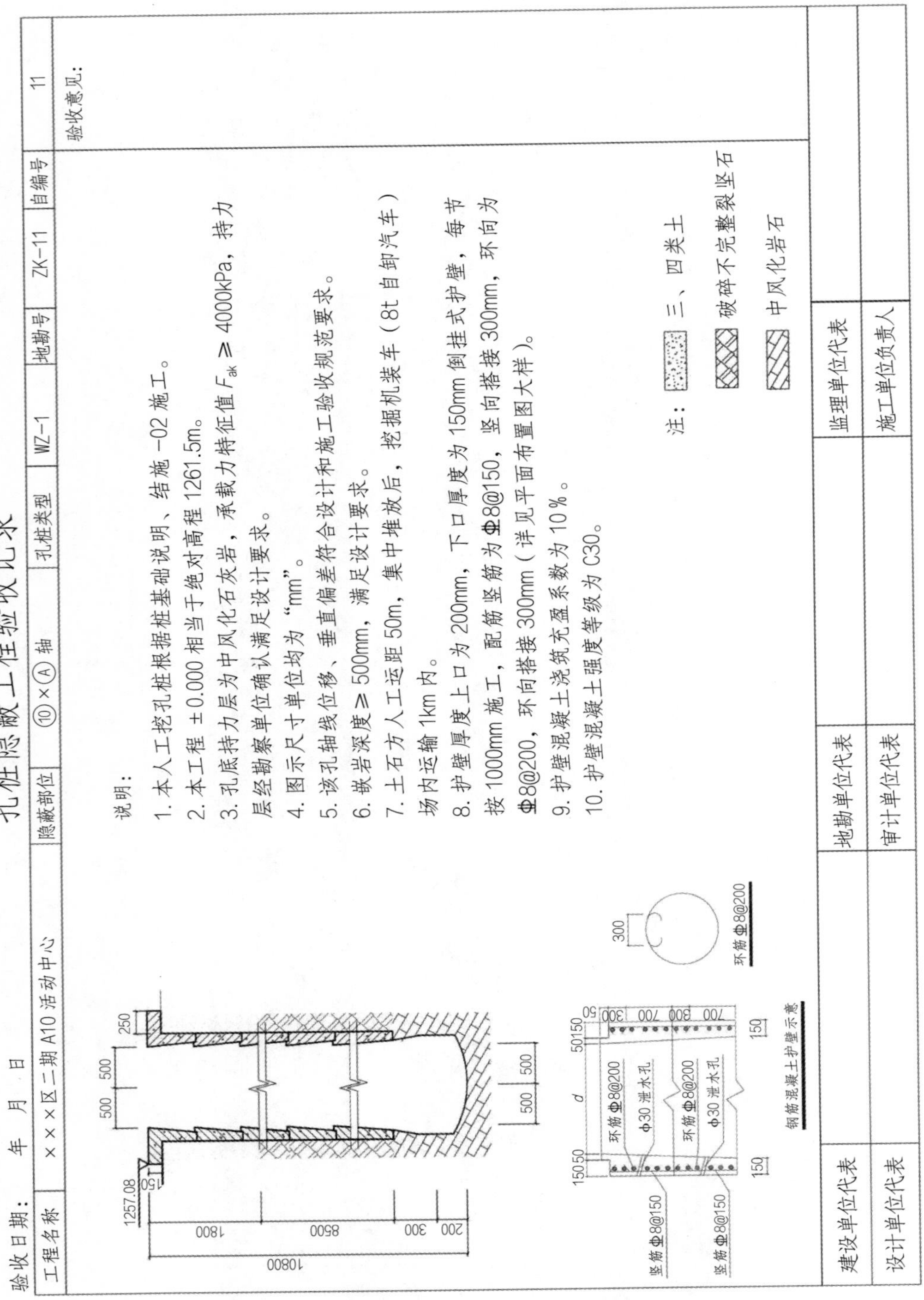

孔桩隐蔽工程验收记录

验收日期：　　年　月　日

工程名称	×××区二期 A10 活动中心	隐蔽部位	⑩×Ⓐ 轴	孔桩类型	WZ-1	地勘号	ZK-11	自编号	11

1257.08

500　500　250　150

1800　8500　300　200　10800

500　500

150 50　*d*　50 150

环筋 Φ8@200

ф30 泄水孔

竖筋 Φ8@150

300　700　300　700

150　150

钢筋混凝土护壁示意

300

环筋 Φ8@200

说明：

1. 本人工挖孔桩根据桩基础说明、结施 -02 施工。
2. 本工程 ±0.000 相当于绝对高程 1261.5m。
3. 孔底持力层为中风化石灰岩，承载力特征值 F_{ak} ≥ 4000kPa，持力层经勘察单位确认满足设计要求。
4. 图示尺寸单位均为“mm”。
5. 该孔轴线位移、垂直偏差符合设计和施工验收规范要求。
6. 嵌岩深度≥ 500mm，满足设计要求。
7. 土石方人工运距 50m，集中堆放后，挖掘机装车（8t 自卸汽车）场内运输 1km 内。
8. 护壁厚度上口为 200mm，下口厚度为 150mm 倒挂式护壁，每节按 1000mm 施工，配筋竖筋为 Φ8@150，竖向搭接 300mm，环向为 Φ8@200，环向搭接 300mm（详见平面布置图大样）。
9. 护壁混凝土浇筑充盈系数为 10％。
10. 护壁混凝土强度等级为 C30。

注：三、四类土

破碎不完整裂坚石

中风化岩石

验收意见：

建设单位代表		地勘单位代表		监理单位代表	
设计单位代表		审计单位代表		施工单位负责人	

图 1-5　建筑工程隐蔽施工图

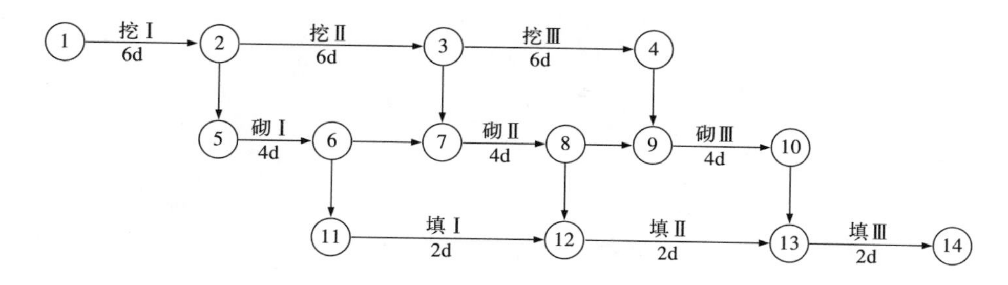

图 1-6　网络计划图

工作名称	持续时间	进度计划（周）															
		1	2	3	4	5	6	7	8	9	10	11	12	13	14	15	16
挖土方	6																
做垫层	3																
支模板	4																
绑钢筋	5																
混凝土	4																
回填土	5																

计划进度
实际进度
▲ 检查日期

图 1-7　横道图

用户可以使用基本绘图命令绘制常用的图形和或形体，还可以通过插入块、设计中心等命令，使计算机绘图变得快捷高效。

辅助绘图命令包括对象捕捉功能、对象追踪功能、动态输入等，可使绘图更加方便准确。

（2）图形编辑功能

AutoCAD 具有图形编辑功能，通过平移、缩放、复制、旋转等图形编辑命令，使绘制图形事半功倍，布尔运算使得三维复杂实体的生成变得简单，容易掌握。

（3）三维建模功能

AutoCAD 具有三维建模功能，用户创建实体、线框或网络模型，并可用于检查、渲染、执行工程分析等。

（4）尺寸标注功能

AutoCAD 在标注尺寸时不仅能够自动给出真实尺寸，还能通过编辑与样式设置来改变尺寸大小、比例和标注样式。

（5）打印输出功能

AutoCAD 可以将绘制好的图形，通过打印机、绘图仪等设备进行打印输出，还能用打印输出设备输出不同格式的文件，便于与其他软件共享资源。

3. 本书的学习方法

本书内容以项目教学为思路，改变了以往“教师讲，学生听”被动的教学模式，创造了学生主动参与、自主协作、探索创新的新型教学模式，以“项目为主线、教师为主导、学生为主体”，师生共同完成一个完整的“项目”。

学生在围绕一个具体的项目实施时，需利用各种学习资源（如网络查询、与他人沟通、团队合作）；在实际体验、探索创新的过程中，不仅要运用已有的知识、技能，还要运用新学习的知识、技能，解决过去从未遇到过的实际问题。

学习结束时，师生共同评价项目工作成果和学习方法。

项目 2
绘图环境设置

【项目描述】

绘图环境设置是绘图的基础，利用图层工具可以将不同类型的图形对象进行分组，并用不同的特性加以识别，从而对各个对象进行有效的组织管理，使各种图形信息更为清晰、有序。

【任务内容】

设置图形界限、单位、图线、颜色及线宽。

【任务分析】

1. 了解创建绘图环境步骤。
2. 掌握图形界限和单位的设置。
3. 掌握图层管理器中图线、颜色、线宽的设置。

【任务实施】

1. 启动 AutoCAD 2012 软件

（1）双击桌面上的图标 AutoCAD 2012（图 2-1）。

图 2-1　启动软件（1）

（2）点击开始菜单→所有程序→ Autodesk → AutoCAD 2012-Simplified Chinese → AutoCAD 2012–Simplified Chinese（图 2-2）。

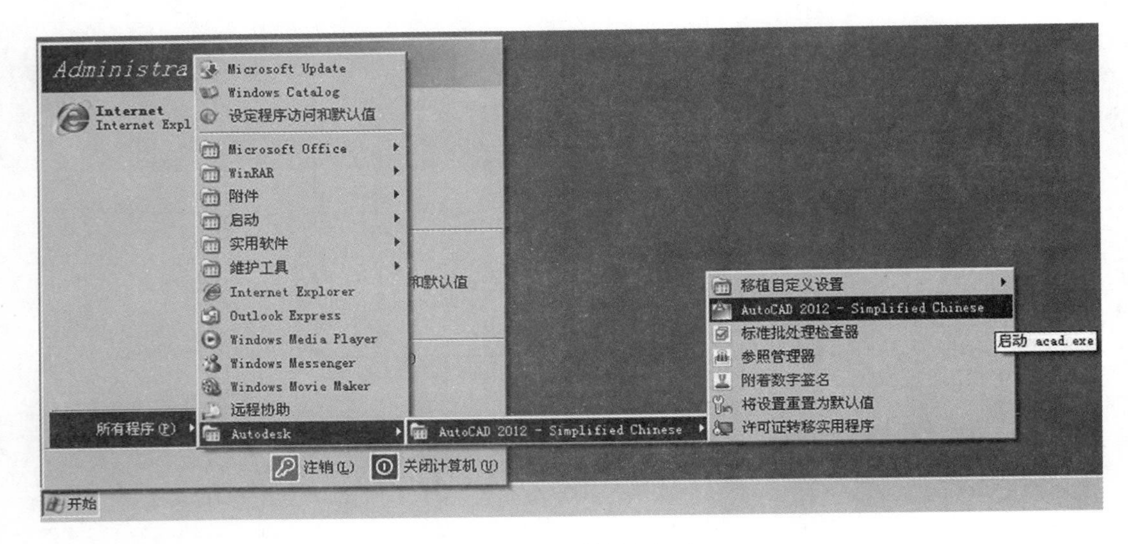

图 2-2　启动软件（2）

2. 进入工作界面（图 2-3）

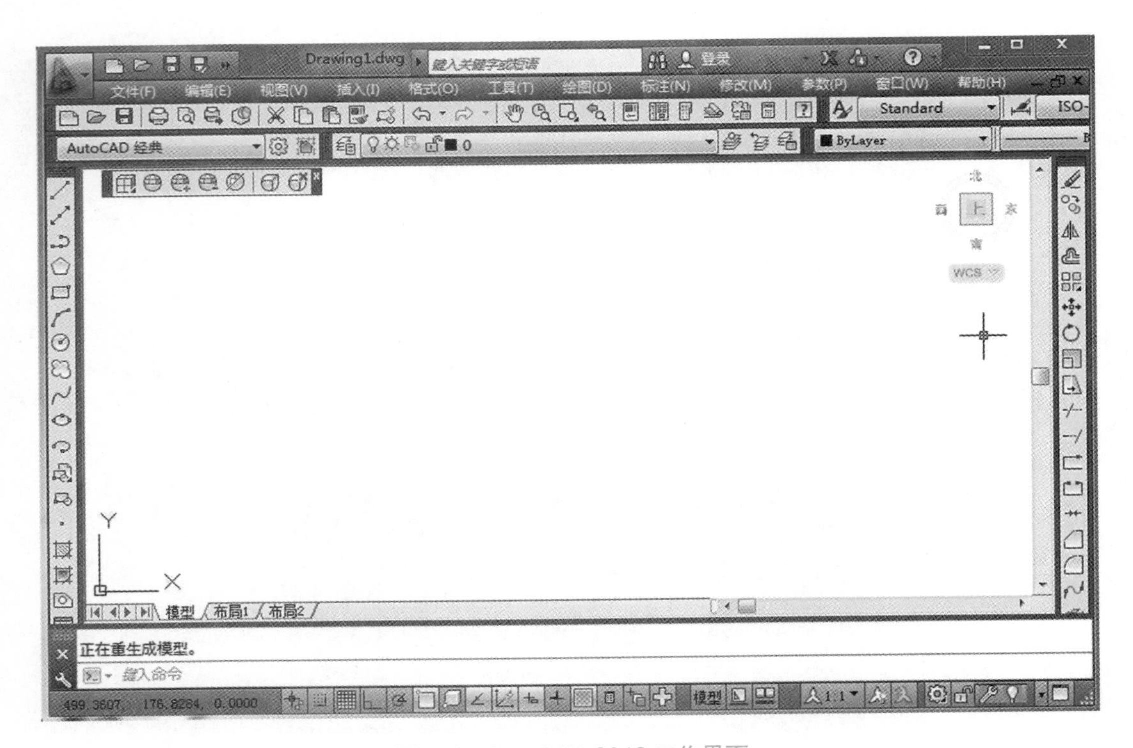

图 2-3　AutoCAD 2012 工作界面

3. 格式下拉菜单→设置图形界限

（1）单击格式下拉菜单，选择图形界限；

（2）根据命令行窗口提示设置左下角为 0.000,0.000，回车；

（3）根据命令行窗口提示设置右下角为 420.000,297.000，回车；

（4）查看全图：输入 Zoom 并回车。

4. 格式下拉菜单→设置“单位”

（1）单击格式下拉菜单，选择“单位”，屏幕弹出“图形单位”对话框（图 2-4）；

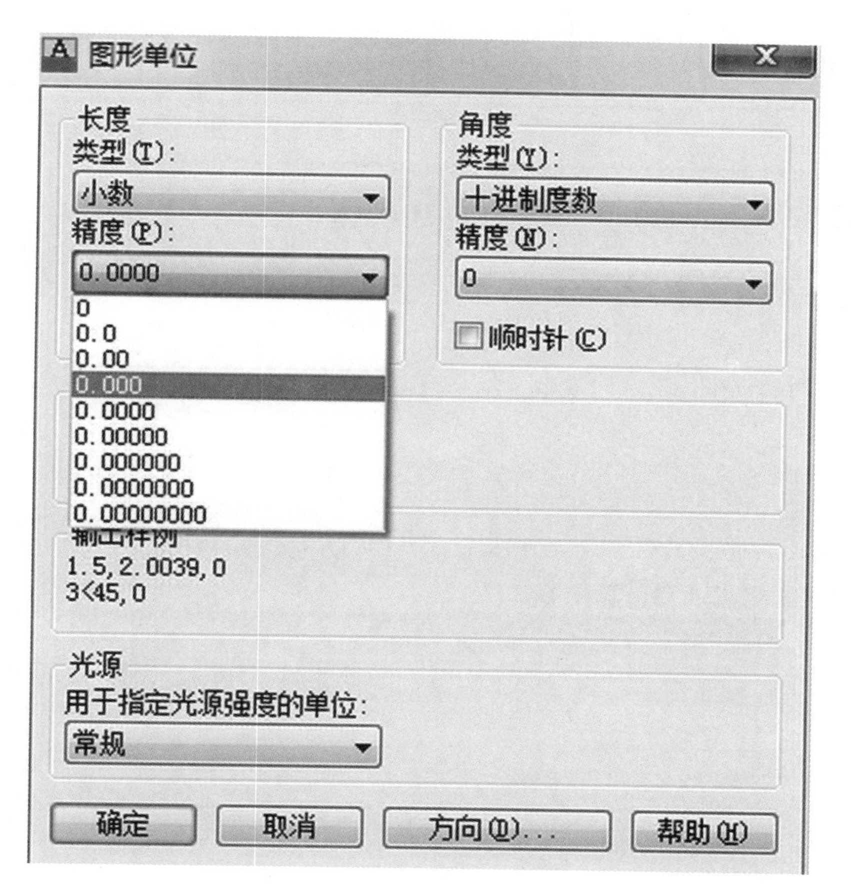

图 2-4　图形单位

（2）在“长度”选项中选择“类型”为小数，“精度”选择 0；

（3）在“角度”选项中默认系统设置（特殊要求时设置）；

（4）在“插入比例”下拉列表中选择“毫米”为单位；

（5）单击图标中“确定”按钮，图形单位对话框会自动关闭，表示设置完成。

5. 格式下拉菜单→点击图层或直接点击工具栏按钮 ，屏幕弹出“图层特性管理器”对话框（图 2-5）

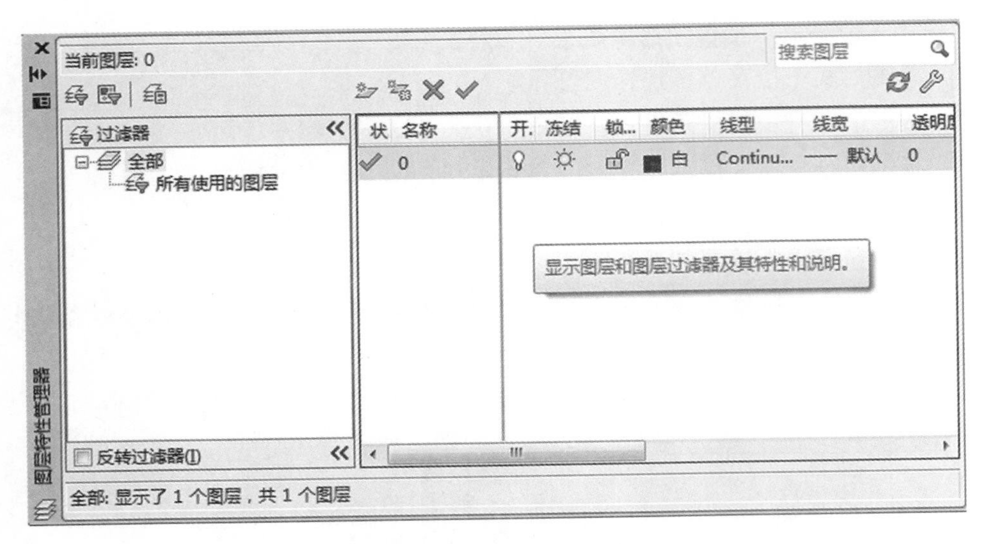

图 2-5　图层特性管理器

（1）设置名称：单击“图层特性管理器”中的图标 新建图层，然后输入名称。

（2）设置颜色：单击“图层特性管理器”中颜色下方的“□”，即显示选择颜色对话框；选择颜色对话框中包括索引颜色（图 2-6）、真彩色（图 2-7）、配色系统（图 2-8）。

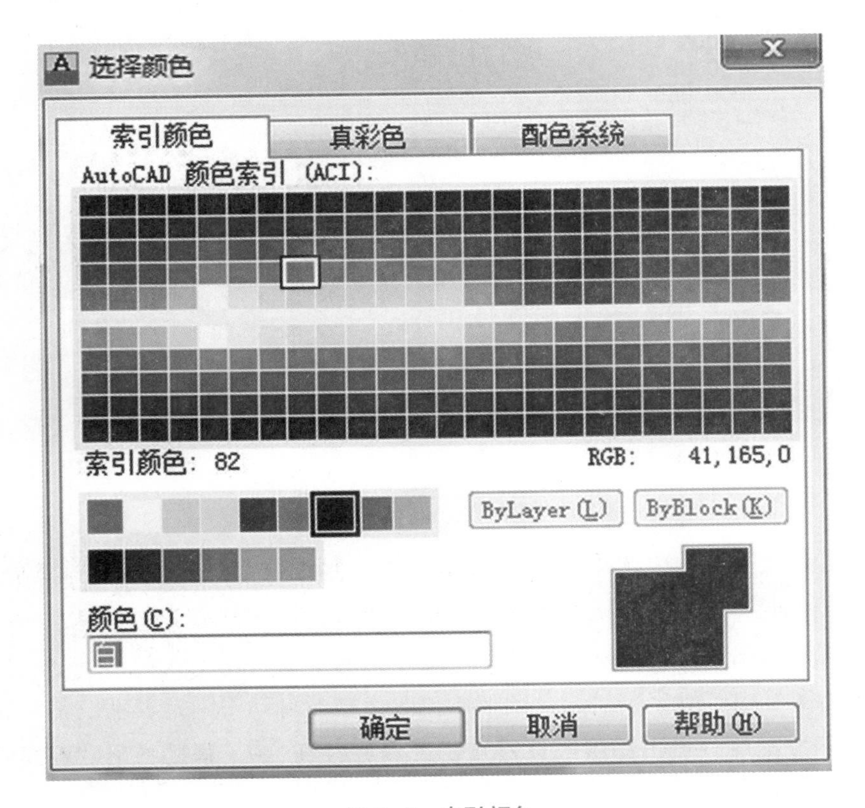

图 2-6　索引颜色

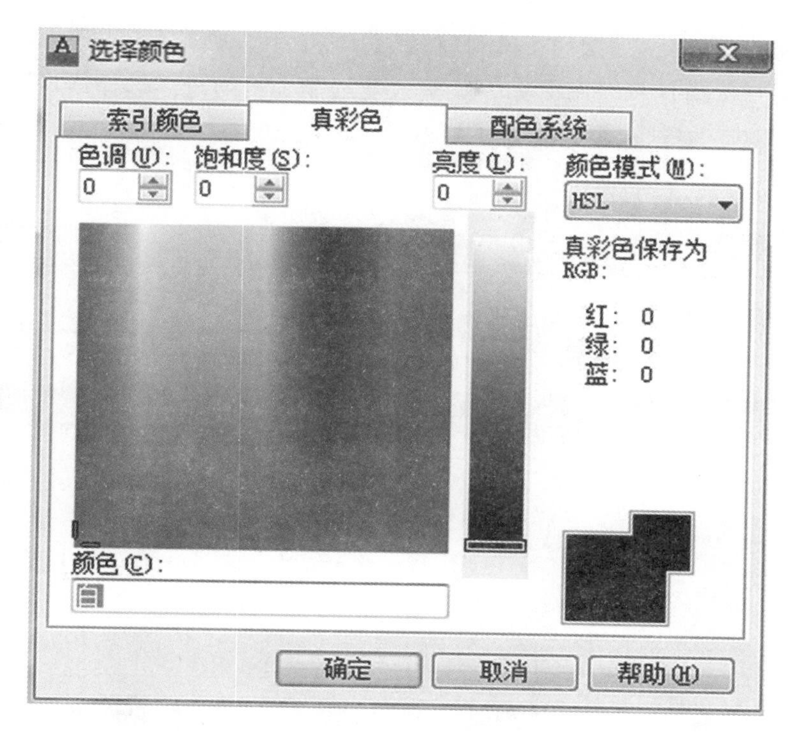

图 2-7　真彩色

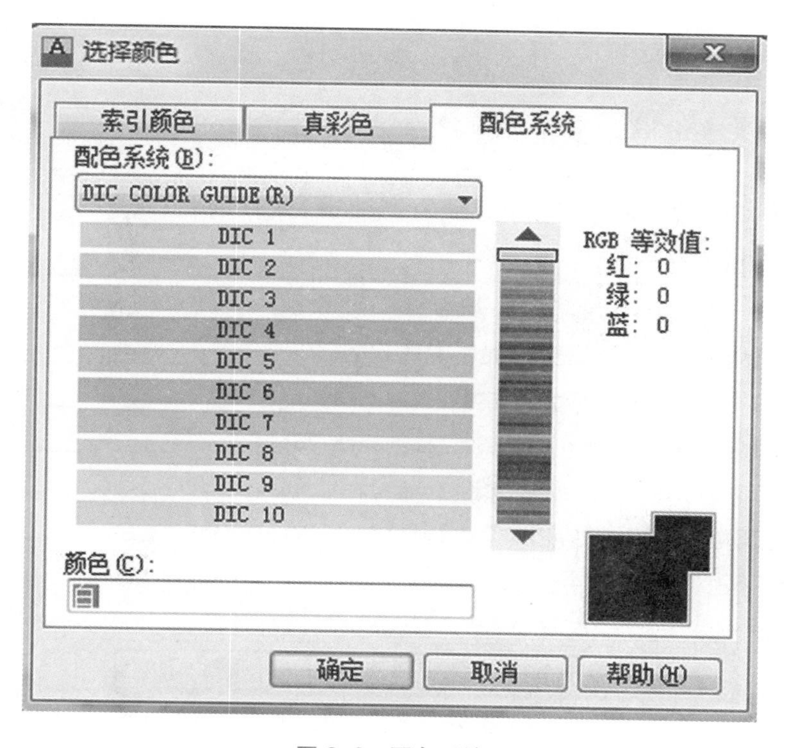

图 2-8　配色系统

(3) 设置线型：单击“图层特性管理器”中线型下方“英文字母（线型名称）”，即显示“选择线型”对话框（图 2-9），如需改变线型，可通过“选择线型”对话框中的“加载或重载线型”对话框进行设置（图 2-10）。

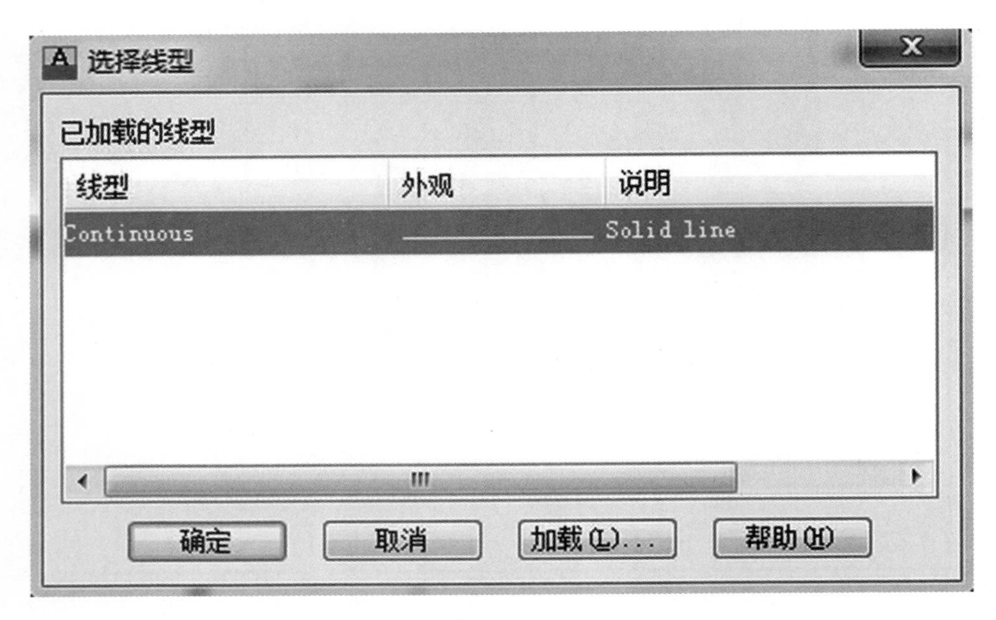

图 2-9 “选择线型”对话框

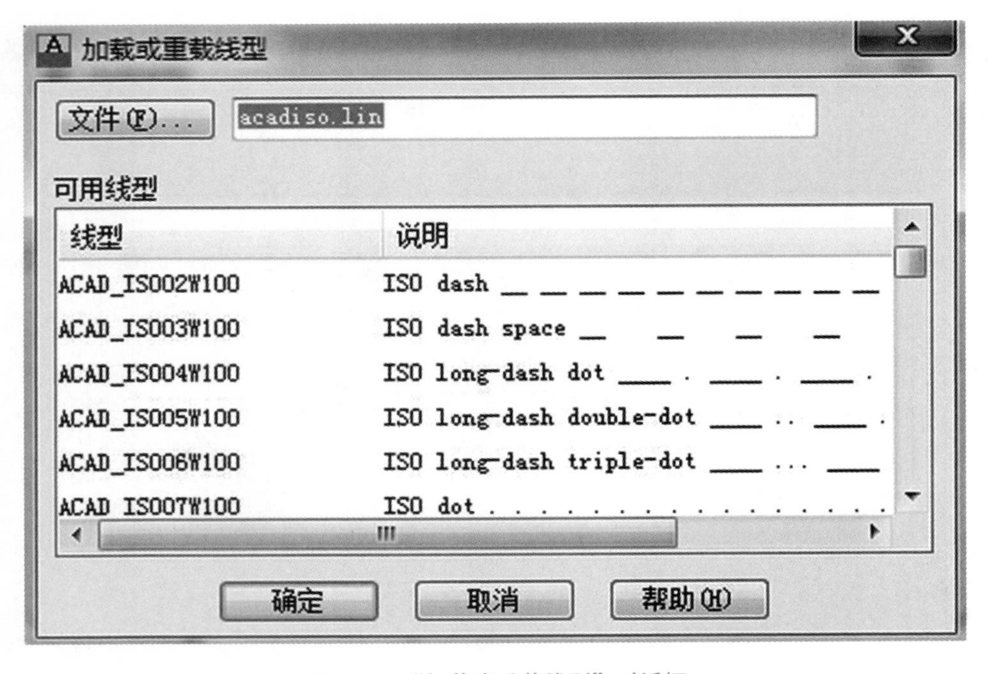

图 2-10 “加载或重载线型”对话框

（4）设置线宽：单击图层特性管理器中线宽下方的“默认”，即显示“线宽”对话框（图 2-11）。

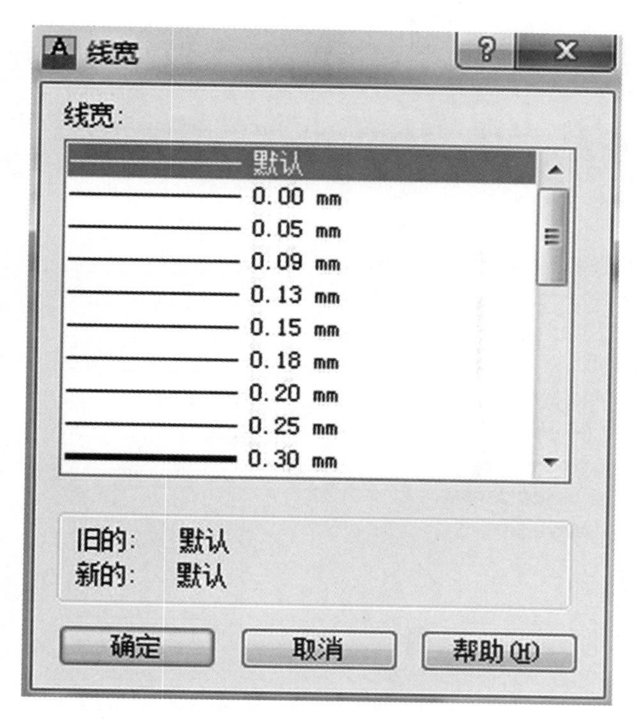

图 2-11 “线宽”对话框

6. 作图比例：始终以 1 ∶ 1 比例绘图

7. 作图时注意命令提示行，根据提示确定下一步操作，提高作图效率，减少误操作

实例操作：①设置图幅：(6000，9000)；②查看全图：Zoom 回车；③设置单位：单位精度设为整数；④设置图层：轴线（红色、线型为 ACAD_ISO04W100、线宽 0.18mm）、墙线（白色、线宽 0.70mm）、门窗（黄色、线宽 0.35mm）、楼梯（洋红、线宽 0.18mm）、标注（绿色、线宽 0.18mm）、梁柱（青色、线宽 0.70mm），将当前图层定为相应层（如墙层）。

8. 关闭、冻结、锁定图层的作用

（1）关闭图层：使图层中所包含的图元对象不被显示和打印，图层中的图形参与图形运算。

（2）冻结图层：使图层不但不被显示和打印，且不参加运算，当解冻图层时图形显示会重新计算。

（3）锁定图层：锁定后图层中的图形可被显示但不能被编辑，可在图层管理器中改变颜色和线型。

9. 保存图形文件

(1) 点击应用程序菜单选择“保存”。

(2) 工具栏中选择“保存”按钮 。

(3) 在命令行输入 SAVE。

(4) 快捷键：Ctrl+ S。

新文件第一次选择以上任意一种操作方式后，屏幕都会显示“图形另存为”对话框（图 2-12）。

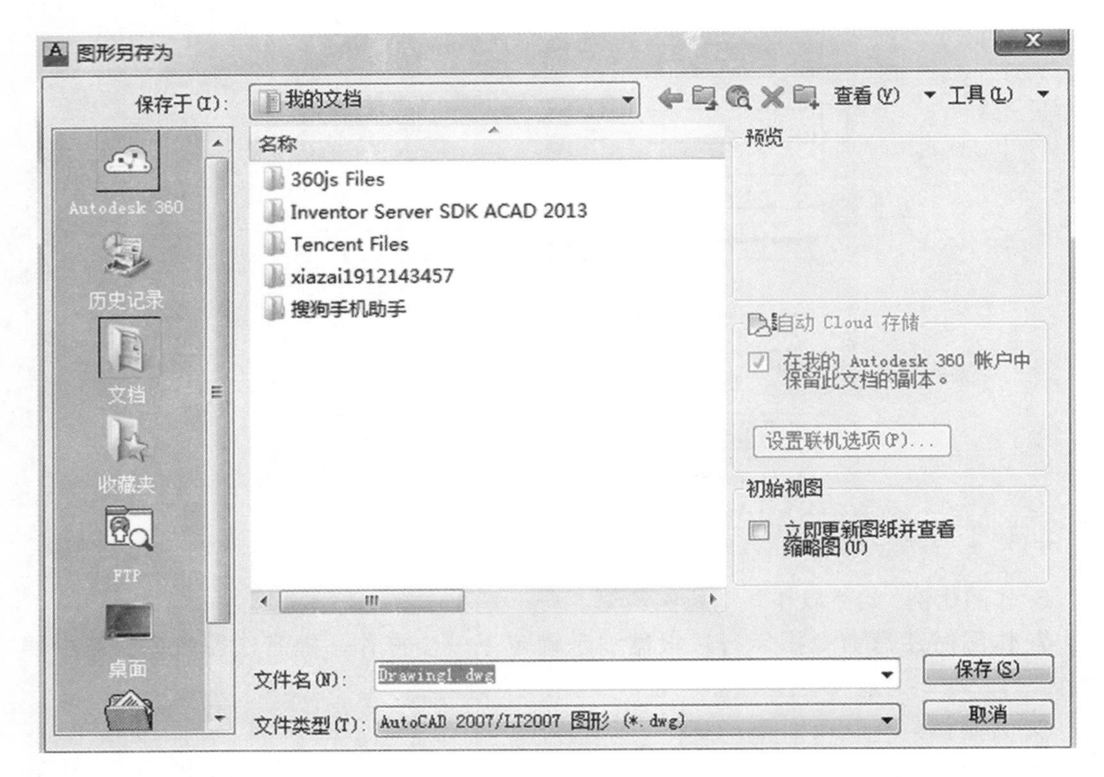

图 2-12 “图形另存为”对话框

(5) 保存为不同类型的图形文件。

单击“保存于”列表框的小三角按钮，会显示路径列表，选择保存路径；在“文件名”文本框中输入文件的名称；在“文件类型”列表框的小三角按钮中可选择文件保存的格式；最后单击“保存”按钮，完成图形文件保存。

(6) 自动保存文件。

1) 菜单栏中选择“工具|选项”。

2) 在绘图窗口单击鼠标右键，选择“选项”。

选择以上任意一种操作方式后，屏幕都会显示“选项”对话框（图 2-13）。

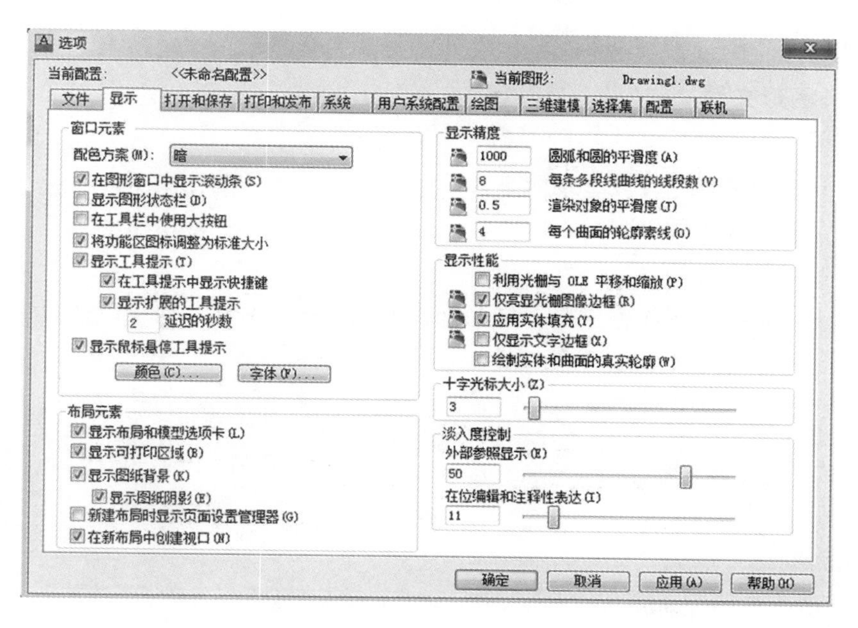

图 2-13 “选项”对话框

10. 建立新的图形文件

启动 AutoCAD 后，可采用下列方式创建新的绘图文件。

（1）菜单栏中选择“文件 | 新建”。

（2）工具栏中选择“新建”按钮▭。

（3）在命令行输入 NEW。

（4）快捷键：Ctrl+N。

选择以上任意一种操作方式后，屏幕都会显示“选择样板”对话框（图 2-14）。

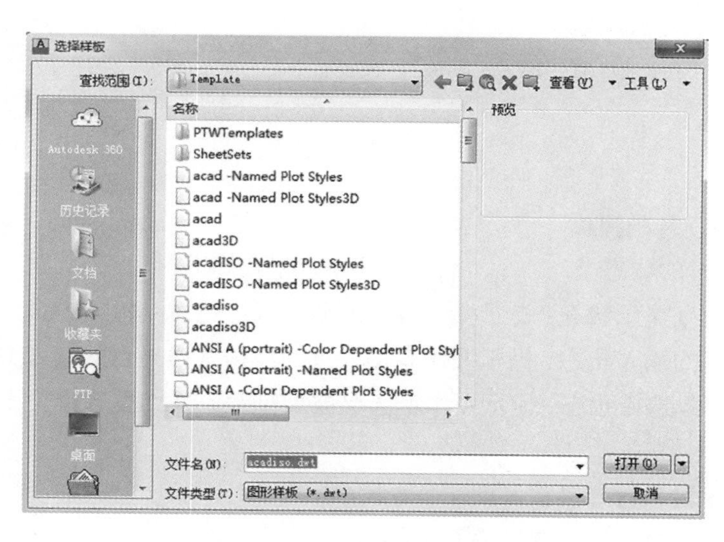

图 2-14 “选择样板”对话框

单击“打开”按钮，新建一个绘图文件，文件名会显示在标题栏上。

11. 打开图形文件

(1) 菜单栏中选择“文件|打开”。

(2) 工具栏中选择“打开”按钮 。

(3) 在命令行输入 OPEN。

(4) 快捷键：Ctrl+ O。

选择以上任意一种操作方式后，屏幕都会显示“选择文件”对话框 (图 2-15)。

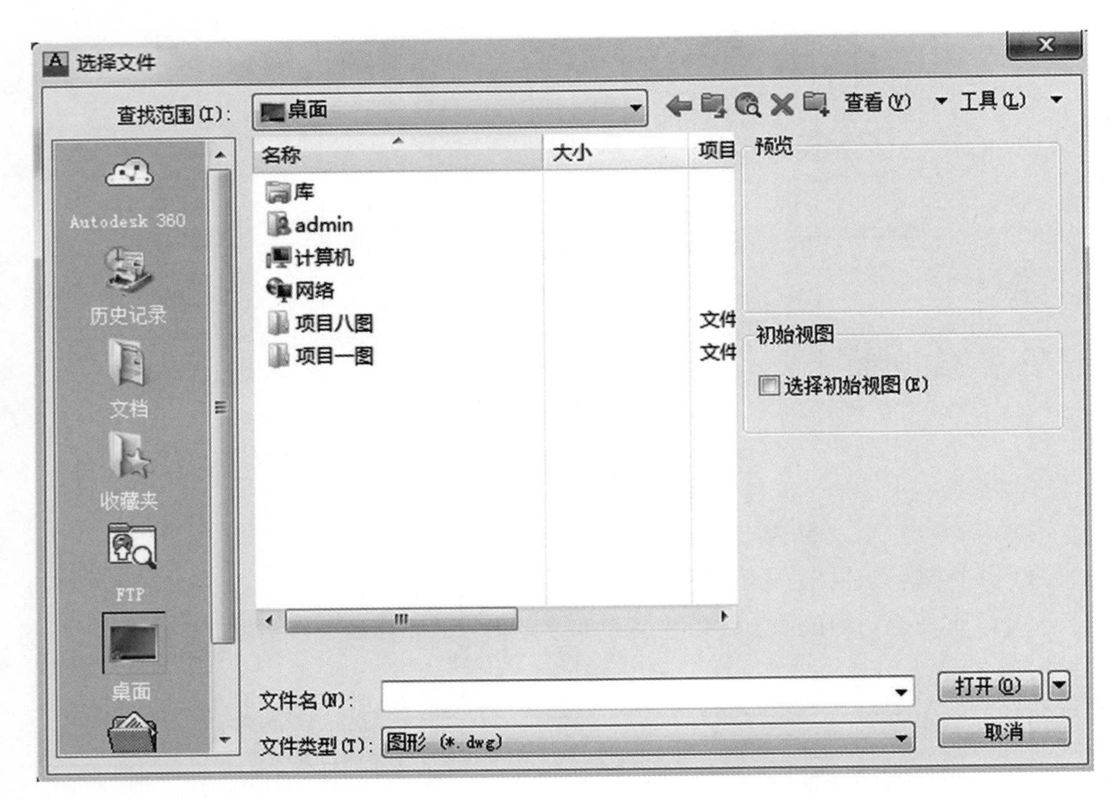

图 2-15 “选择文件”对话框

12. AutoCAD 基础操作

(1) 十字光标的状态

1) “ ⌖ ” 命令提示状态：提示操作者输入命令（详见命令输入方式）。

2) “ ＋ ” 点的输入状态：提示操作者输入点的坐标（详见点的输入方式）。

3) “ □ ” 对象选择状态：提示操作者选取被编辑对象（详见选择集设置）。

(2) 命令输入方式

1) 通过命令输入行直接输入英文命令。

2) 通过工具条命令按钮图标输入命令。

3）通过主菜单栏输入命令。

4）通过单击鼠标右键或 Enter 键重新执行前一命令。

实例操作：通过以上 4 种不同的命令输入方式输入 Line（直线）命令。

（3）点的输入方式

1）用鼠标直接在绘图窗口点取点。

2）用目标捕捉方式捕捉特殊点（图 2-16）。

3）在命令输入行直接输入点的坐标。

4）在指定方向上通过给定距离确定点。

5）通过对象追踪和极轴追踪输入点的坐标（图 2-17）。

输入 Line（直线）命令依次完成以下操作：用鼠标任意点取一个起点→捕捉另一条直线的端点→输入点的坐标（@400,600）→在某个方向上给定距离 500 确定另一个点。

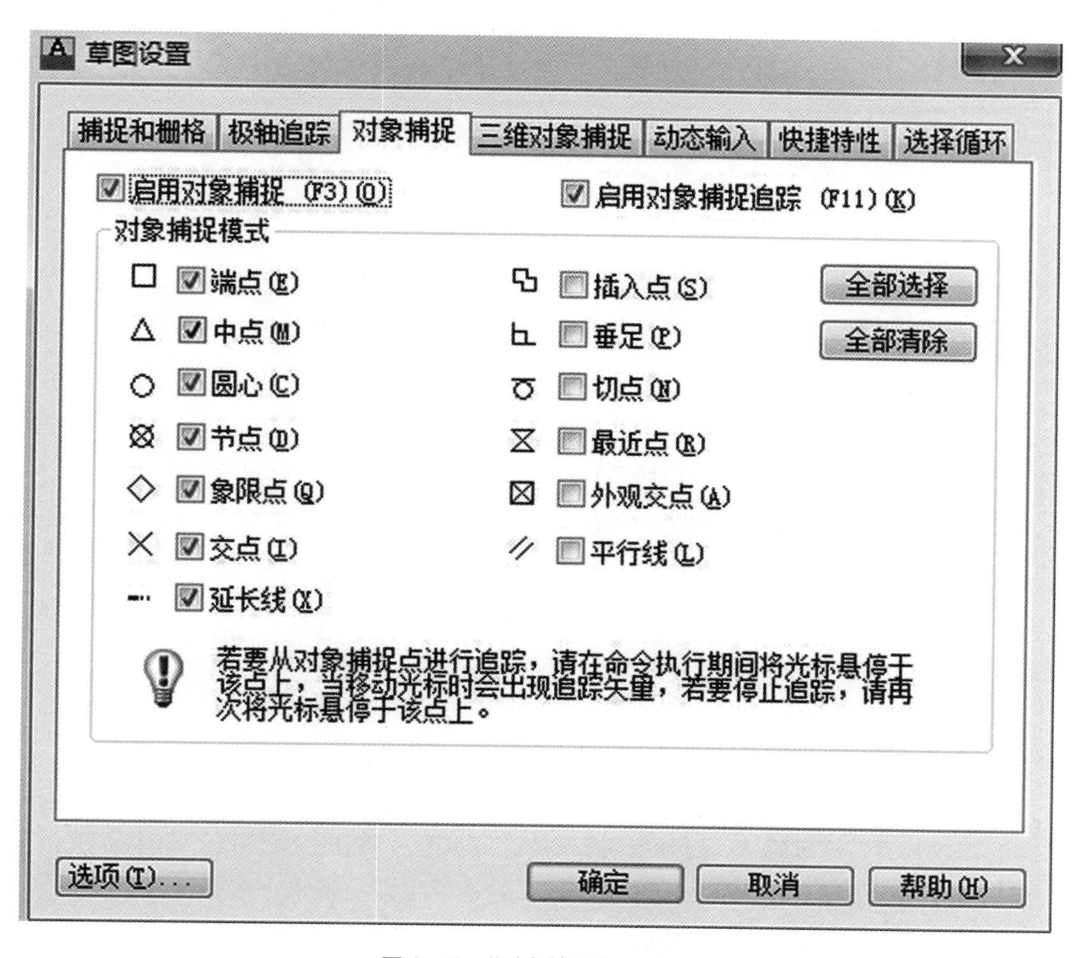

图 2-16 “对象捕捉”对话框

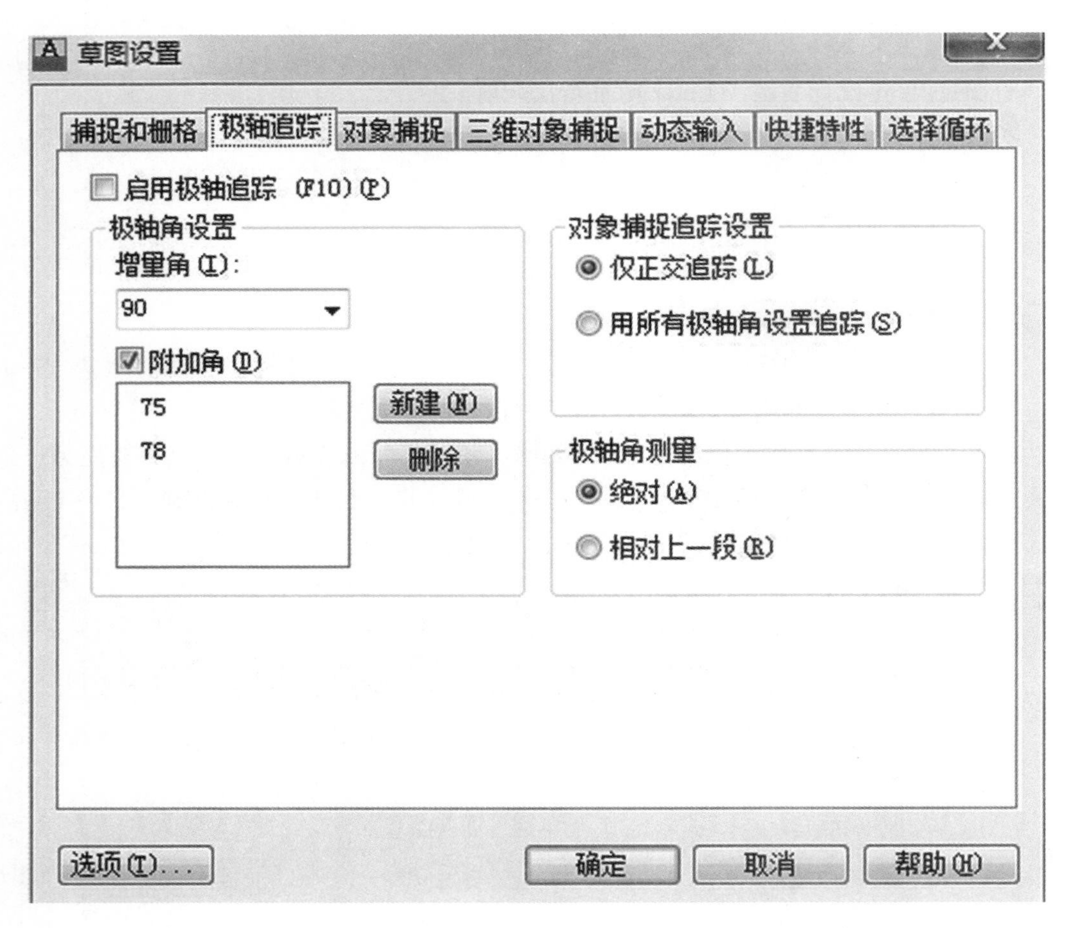

图 2-17 “极轴追踪”对话框

（4）选择集设置

1）直接点取方式：用鼠标直接点取所需图形。

2）窗口方式：从左到右（包含）、从右到左（包含及相交）。

3）全部方式：将当前图形中所见图形对象作为当前选择集，在“选择物体”提示下键入 ALL。

（5）交替选择对象：按 Shift + 空格键。连续单击所需对象直到亮显所需对象，回车确认。

（6）命令的取消与恢复

1）取消命令：通过输入 U 命令、按工具条“放弃”按钮、按热键“Ctrl+Z”；

2）恢复命令：通过输入 Redo 命令、按工具条“重做”按钮、按热键“Ctrl+Y”；

3）按 Esc 键退出当前命令状态。

实例操作：输入 Line（直线）命令，演示“取消命令”、“恢复命令”、“退出命令”的操作。

【任务总结】

1. 通过教师课堂演示讲解，让学生了解 AutoCAD 软件。
2. 通过练习，掌握创建绘图环境和基本操作的知识点。

【任务拓展】

应用本项目知识点，创建绘图环境。

任务报告：

项目 3
AutoCAD 基础图形绘制

【项目描述】

学习基础图形的绘制，利用坐标的输入绘制简单二维图形；分析图形特征，选用适当的绘图、编辑命令；文字样式的设置及编辑；尺寸标注设置及图形尺寸标注。

任务 3.1　绘制 A3 图框

【任务内容】

绘制 A3 图框，一般包括：绘制幅面线、绘制图形框、绘制标签栏。
绘制结果如图 3-1 所示，标题栏如图 3-2 所示。

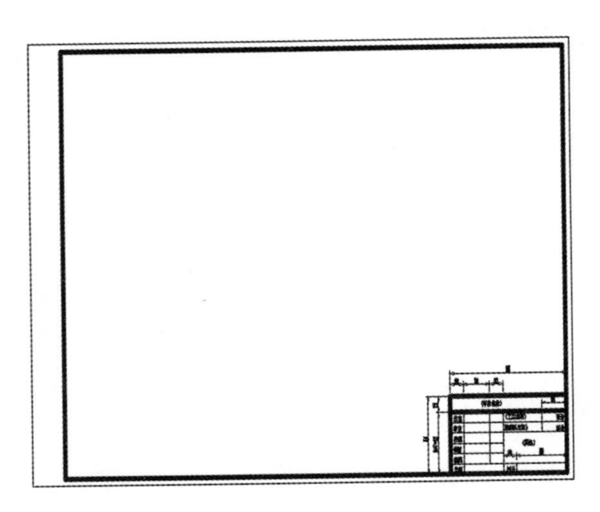

图 3-1　A3 图框

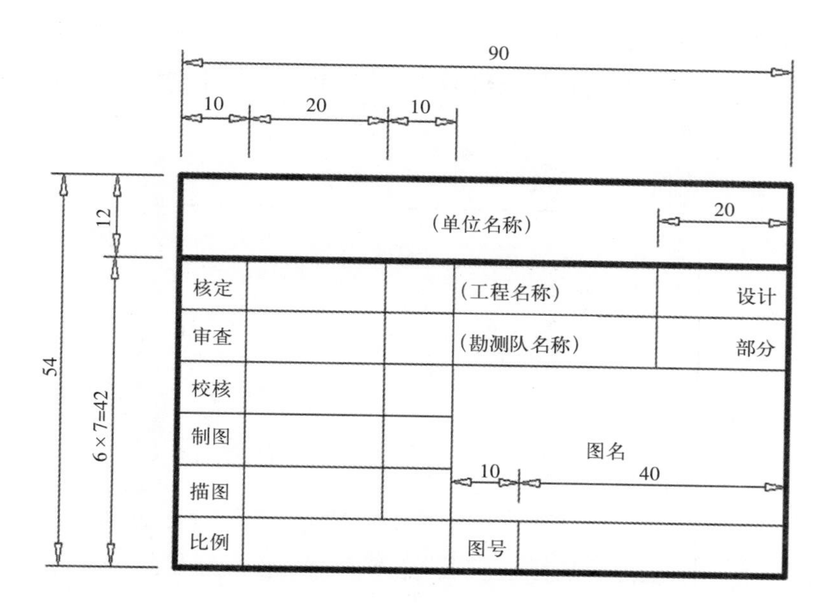

图 3-2　标签栏

【任务分析】

绘制 A3 图框时，首先使用矩形（REC）命令绘制 A3 图框的幅面线，再使用偏移(O)、拉伸（S）、直线（L）等命令绘制图框线、标题栏和对中标志，最后使用文字样式定义样式，在单行文字中输入标题栏中的文字。

【任务实施】

1. 绘制外图框

使用矩形命令绘制外图框。

（1）启动矩形命令的方式

1）菜单栏中选择："绘图 | 矩形" 命令。

2）绘图工具栏中选择按钮 ▭ 可以启动矩形命令。

3）在命令行中输入 rectangle[REC] 命令。

（2）操作过程说明

命令：rec　　　　　（启动矩形命令，空格或回车均可确定，后文均以空格确定）

RECTANG

指定第一个角点或 [倒角 (C)/ 标高 (E)/ 圆角 (F)/ 厚度 (T)/ 宽度 (W)]：

（捕捉任意一点为矩形第一角点）

指定另一个角点或 [面积 (A)/ 尺寸 (D)/ 旋转 (R)]：d （选择参数 d，空格确定）

指定矩形的长度 <10.00>：420　　　　（输入矩形长度，空格确定）

指定矩形的宽度 <10.00>：297 （输入矩形宽度，空格确定）

指定另一个角点或 [面积 (A)/ 尺寸 (D)/ 旋转 (R)]： （指定另一个角点完成矩形绘制）

绘制结果如图 3-3 所示。

图 3-3 外图框

（3）参数说明

倒角：用于绘制倒角矩形，每个倒角按逆时针分为第一倒角和第二倒角，可分别设置倒角距离，绘制直角矩形时，两个倒角距离均设置为 0（图 3-4）。

标高：指定矩形所在平面的高度，一般用于绘制三维图形。

圆角：用于设置矩形的 4 个圆角半径，绘制直角矩形时，圆角半径为 0（图 3-5）。

厚度：用于设定厚度绘制矩形，一般用于绘制三维图形。

宽度：用于设置矩形的线宽。

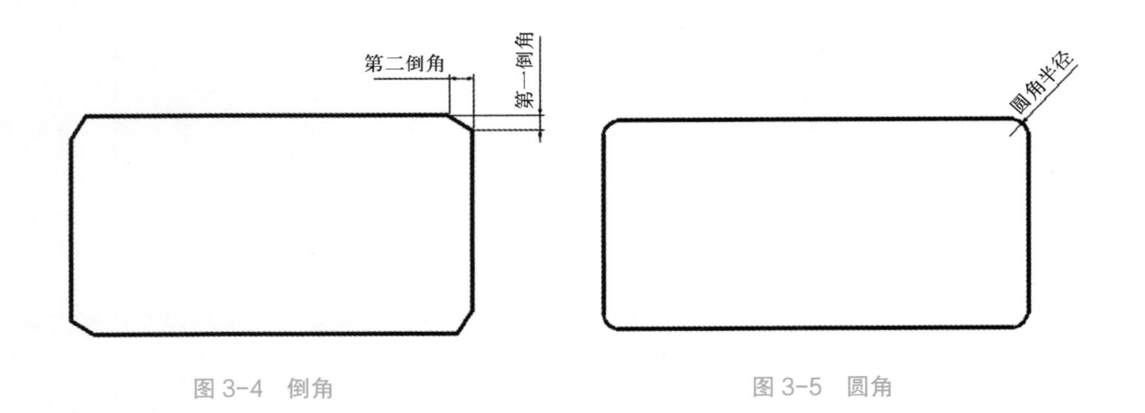

图 3-4 倒角 图 3-5 圆角

2. 绘制内图框

使用偏移命令绘制内图框。偏移命令用于创建与选定对象平行的新对象。偏移封闭图像圆或圆弧等可以创建更大或更小的对象，取决于向哪一侧偏移。可以偏移对象包括直线、圆弧、圆、椭圆和椭圆弧（形成椭圆形样条曲线）、二维多段线（包括矩形、正多边形）、构造线（参照线）和射线 、样条曲线。

（1）启动偏移命令的方式

1）菜单栏中选择："修改 | 偏移" 命令。

2）修改工具栏中选择按钮启动偏移命令。

3）在命令行中输入命令 offset[O]。

（2）操作过程说明

命令：O OFFSET

当前设置：删除源 = 否 图层 = 源 OFFSETGAPTYPE=0

指定偏移距离或 [通过 (T)/ 删除 (E)/ 图层 (L)] < 通过 >：5（指定距离，空格键确认）

选择要偏移的对象，或 [退出 (E)/ 放弃 (U)] < 退出 >：(选择外图框)

指定要偏移的那一侧上的点，或 [退出 (E)/ 多个 (M)/ 放弃 (U)] < 退出 >：(在外图框内部单击左键)

选择要偏移的对象，或 [退出 (E)/ 放弃 (U)] < 退出 >：(空格结束偏移命令)

偏移说明及偏移后的效果如图 3-6、图 3-7 所示。绘制结果如图 3-8 所示。

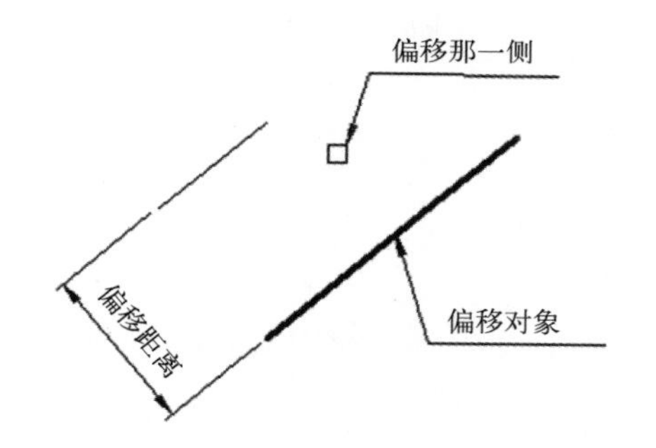

图 3-6　偏移说明

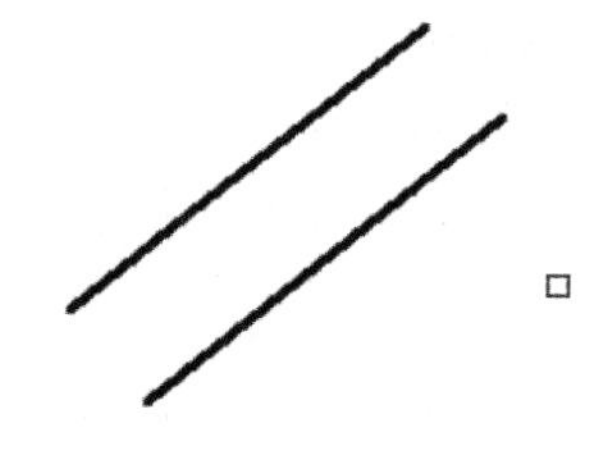

图 3-7　直线偏移后效果

图 3-8　内图框

(3) 参数说明（图 3-9）

1）通过（T）：创建通过指定点的对象。

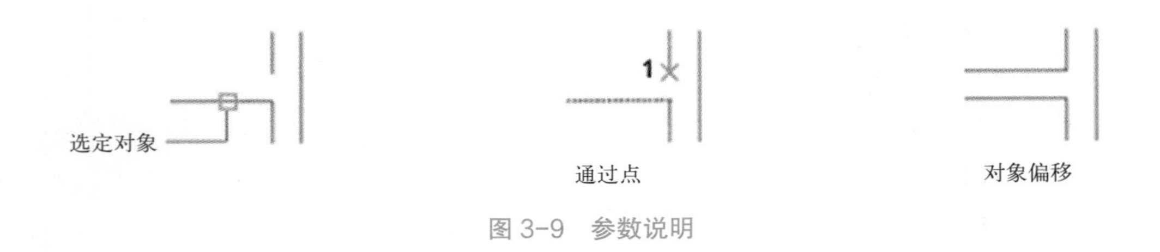

图 3-9　参数说明

2）删除（E）：选择偏移后是否删除源对象。出现如下提示：

要在偏移后删除源对象吗？ [是 (Y)/ 否 (N)] < 当前 >：输入 Y 或 N。

3）图层（L）：确定将偏移对象创建在当前图层上还是源对象所在的图层上。出现如下提示：

输入偏移对象的图层选项 [当前 (C)/ 源 (S)] < 当前 >：输入选项。

4）OFFSETGAPTYPE 命令：控制偏移闭合多段线时处理线段之间的潜在间隙的方式。可以设置三个数据：0：通过延伸多段线线段填充间隙；1：用圆角弧线段填充间隙（每个弧线段半径等于偏移距离）；2：用倒角直线段填充间隙（到每个倒角的垂直距离等于偏移距离）。

偏移命令没有结束前还可以继续重复选择要偏移对象和偏移位置绘制多个偏移对象，直到空格结束偏移命令为止。

3. 拉伸图框线

使用拉伸 stretch 命令拉伸内图框左侧线形成装订线。 拉伸是指重定位穿过或在交叉选择窗口内的对象的端点。 拉伸有两个功能，一个是将拉伸交叉窗口部分包围的对象，另一个是将移动（而不是拉伸）完全包含在交叉窗口中的对象或单独选定的对象。要拉伸对象，请首先为拉伸指定一个基点，然后指定位移点。要进行精确拉伸，可以使用对象捕捉、栅格捕捉和相对坐标输入。选择拉伸对象时，必须以交叉窗口或交叉多边形选择要拉伸的对象。

(1) 启动拉伸命令的方式

1）菜单栏中选择：“修改 | 拉伸” 命令。

2）修改工具栏中选择按钮启动阵列命令。

3）在命令行中输入命令 stretch[S]。

(2) 操作过程说明

命令：s

STRETCH

以交叉窗口或交叉多边形选择要拉伸的对象 ...

选择对象：指定对角点：找到 1 个（以交叉窗口选择要内图框左边框，不要将内图框全部框选起来，全部框选起来，对象将被移动，而不是进行拉伸）

选择对象：(空格确定)

指定基点或 [位移 (D)] < 位移 >：(捕捉内图框左边框上或下角点作为拉伸的基点，选定基点后将鼠标指向水平向右的方向)

指定第二个点或 < 使用第一个点作为位移 >：20（输入拉伸的尺寸，空格键确认）

绘制结果如图 3-10 所示。

图 3-10 拉伸图框线

按制图标准，应使用特性工具栏将内图框改为粗实线。

4. 绘制标题栏

（1）使用直线绘制标题栏边框。

直线是 AutoCAD 中最基本的图形，利用直线命令可以绘制一条线段也可以绘制多条连续的下端，但每一条线段都是独立存在的对象。

1）启动直线命令的方式

①菜单栏中选择："绘图 | 直线" 命令。

②绘图工具栏中选择 "直线" 按钮。

③在命令行中输入 line 或命令缩写 [L]。

2）操作过程说明

命令：L

LINE 指定第一点：(捕捉任意一点为直线起始点后将鼠标指向垂直向上方向)

指定下一点或 [放弃 (U)]：54（输入直线长度，空格确定后将鼠标指向水平向右方向）

指定下一点或 [放弃 (U)]：90（输入直线长度，空格确定后将鼠标指向垂直向下方向）

指定下一点或 [闭合 (C)/ 放弃 (U)]：54（输入直线长度，空格确定）

指定下一点或 [闭合 (C)/ 放弃 (U)]：c（输入参数 c，将闭合到起始点形成矩形）

绘制结果如图 3-11 所示。

(2) 使用偏移命令，按尺寸偏移表格内线条，绘制结果如图 3-12 所示。

图 3-11　标题栏边框

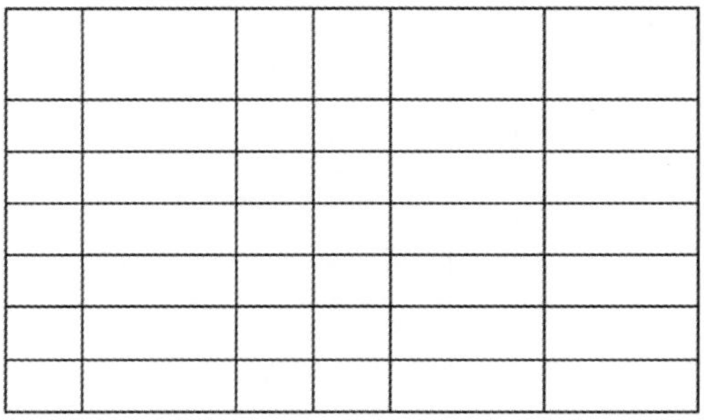

图 3-12

(3) 使用修剪命令修剪不需要的线条。

修剪是指使被修剪对象精确地终止于由其他对象定义的边界。可以修剪的对象包括直线、射线、圆、椭圆、圆弧、椭圆弧、多段线、样条曲线等。有效边界可以是直线、射线、圆、椭圆、圆弧、椭圆弧、多段线、填充区域等。

1）启动修剪命令的方式

①菜单栏中选择："修改 | 修剪" 命令。

②修改工具栏中选择按钮启动修剪命令。

③在命令行中输入命令 trim[TR]。

2）参数说明

栏选（F)：选择与选择栏相交的所有对象。 选择栏是一系列临时线段，它们是用两个或多个栏选点指定的。 选择栏不构成闭合环。

窗交（C)：选择矩形区域（由两点确定）内部或与之相交的对象。

投影（P)：指定修剪对象时使用的投影方法。

边（E)：确定对象是在另一对象的延长边处进行修剪，如果选择"延伸（E)"，则即使修剪边没有与要修建的对象相交，系统仍然会计算出延伸后的交点位置，以此为修剪边界；如果选择"不延伸（N)"，则系统计算没有相交的对象，而只修剪与剪切边相交的对象，如图 3-13 所示。

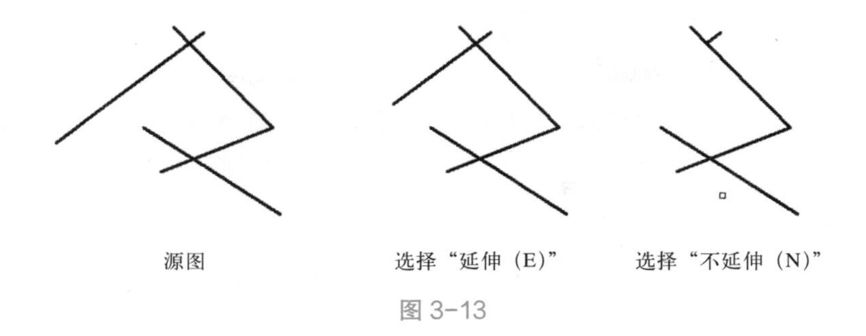

图 3-13

删除（R）：删除选定的对象。此选项提供了一种用来删除不需要的对象的简便方法，而无需退出 TRIM 命令。

放弃（U）：撤销由 TRIM 命令所做的最近一次修改。

Shift 键：在选择要修剪对象时按住 shift 键可以将修剪模式切换为延伸模式，此选项提供了一种在修剪和延伸之间切换的简便方法。

3）操作过程说明

命令：tr

TRIM

当前设置：投影 =UCS，边 = 无

选择剪切边 ...

选择对象或 < 全部选择 >：指定对角点：找到 11 个（选择需要修剪的线条，空格确定）

选择对象：

选择要修剪的对象，或按住 Shift 键选择要延伸的对象，或

[栏选 (F)/ 窗交 (C)/ 投影 (P)/ 边 (E)/ 删除 (R)/ 放弃 (U)]：指定对角点：(选择需要修剪的部分，单击选择或窗交、栏选均可)

绘制结果如图 3-14 所示。

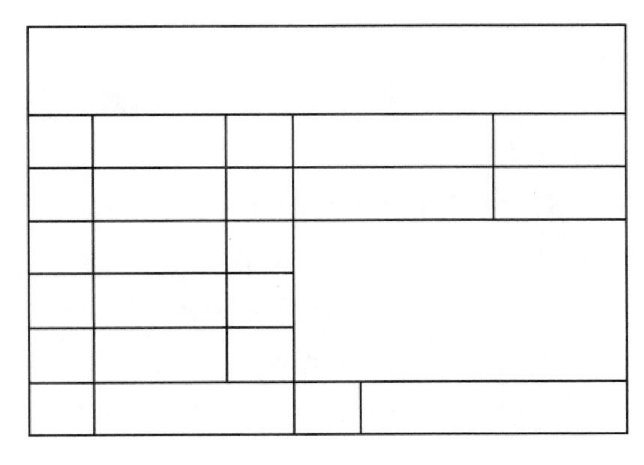

图 3-14

5. 定义文字样式

(1) 设置文本样式

图形中的所有文字都具有与之相关联的文字样式。输入文字时，程序按设置好的当前文字样式设置文字的字体、字号、倾斜角度、方向和其他文字特征。

1) 启动文字样式命令的方式

①菜单栏中选择:“格式|文字样式”命令。

②样式工具栏中选择 A 按钮启动文字样式命令。

③在命令行中输入命令 style[ST]。

启动“文字样式”命令后弹出“文字样式”对话框，如图 3-15 所示。

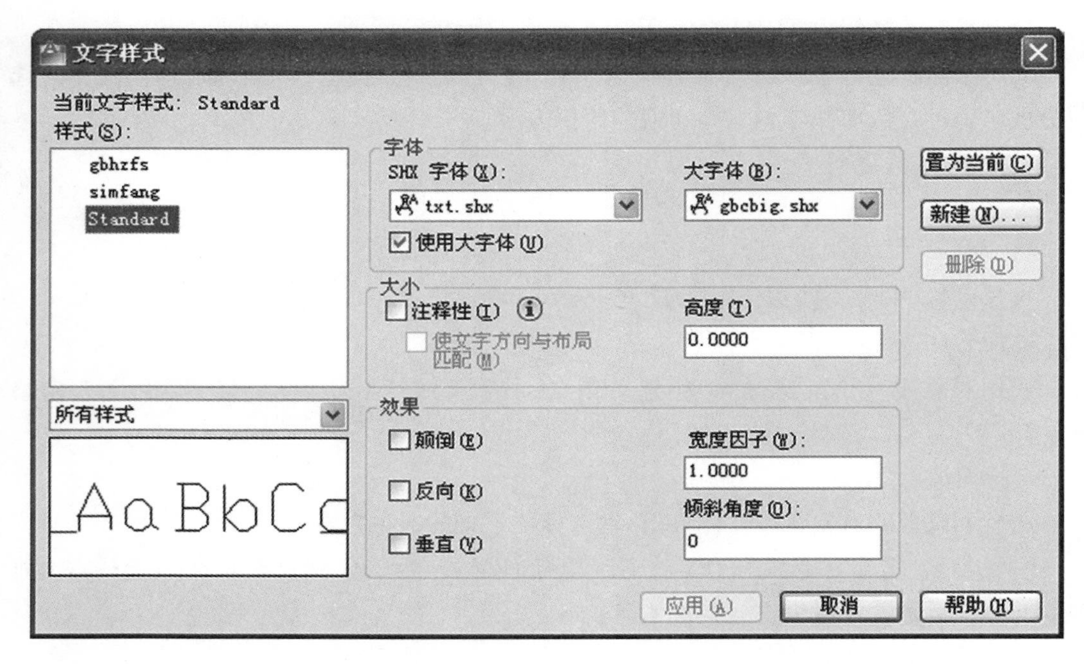

图 3-15 “文字样式”对话框

2) 对话框中选项说明

①样式：显示文字样式名、添加新样式以及重命名和删除现有样式。列表中包括已定义的样式名并默认显示当前样式。

②“置为当前”按钮：将选中样式设为当前样式。

③“新建”按钮：显示“新建文字样式”对话框并为当前设置自动提供“样式 n”名称，也可自定义样式名，样式名称可长达 255 个字符，包括字母、数字以及特殊字符，例如，美元符号 ($)、下划线 (_) 和连字符 (-)。

④“删除”按钮：删除文字样式。

⑤字体：更改样式的字体。

SHX 字体：也称为小字体，包含一些单字节（半角）的数字、字母和符号。如果文字样式要使用 CAD 字体，首先选择一种小字体。常用的小字体有 simplex.shx 和 txt.shx。

大字体：是针对中文、韩文、日文等双字节（全角）定制的字体文件。在文字样式对话框中须勾选“使用大字体”，才能在右侧列表中选择大字体文件。

高度：根据输入的值设置文字高度。如果输入 0.0，每次用该样式输入文字时，系统都将提示输入文字高度。输入大于 0.0 的高度值则为该样式设置固定的文字高度。

使用大字体：指定亚洲语言的大字体文件。只有在“字体名”中指定 SHX 文件，才能使用“大字体”。

⑥效果：修改字体的特性。

颠倒：颠倒显示字符。

反向：反向显示字符。

垂直：显示垂直对齐的字符。只有在选定字体支持双向时“垂直”才可用。TrueType 字体的垂直定位不可用。

宽度因子：设置字符间距。输入小于 1.0 的值将压缩文字，输入大于 1.0 的值则扩大文字。

倾斜角度：设置文字的倾斜角。

3）预览：随着字体和效果的修改动态显示样例文字。预览图像不反映文字高度。

（2）单行文字命令

1）创建单行文字

①启动单行文字命令的方式

a. 菜单栏中选择：“绘图 | 文字 | 单行文字”命令。

b. 文字工具栏中选择按钮启动单行文字命令。

c. 命令行中输入命令 text 或 dtext。

②选项说明

起点：可以直接在屏幕上拾取一个点作为文字的起始点。当前文字样式没有固定高度时才显示“指定高度”提示。

对正（J）：控制文字的对齐方式。系统提供了 14 种对齐样式，可根据需要进行选择。

样式（S）：选择单行文字采用的文本样式。

2）编辑单行文字

编辑单行文字启动方式：

①菜单栏中选择：“修改 | 对象 | 文字 | 编辑”命令。

②文字工具栏中选择按钮。

③在命令行中输入命令 ddedit。

④直接双击文字；也可以在文字工具栏中选择比例按钮和对正按钮对文字的比

例和对正方式进行编辑 。

3）特殊符号的输入

在 AutoCAD 中，一些特殊符号有专门的代码，一般由“%%”加一个特殊字符构成，常用特殊符号的代码和含义见表 3-1。

特殊符号代码及含义　　表 3-1

代码	字符	说明	代码	字符	说明
%%%	%	百分号	%%c	Φ	直径符号
%%p	±	正负公差符号	%%d	℃	摄氏度符号
%%o	—	上划线	%%u	_	下划线
%%nnn		生成任意 ASCII 码字符串，nnn 为 ASCII 码字符值			

（3）多行文字命令

1）创建多行文字

①创建多行文字命令的方式

a. 菜单栏中选择：“绘图 | 文字 | 多行文字”命令。

b. 文字工具栏中选择 A 按钮启动多行文字命令。

c. 在命令行中输入命令 mtext。

②命令参数说明

高度（H）：设置文字框的高度，可以在屏幕上拾取一点，该点与第一角点的距离为文字的高度，或在命令行中输入文字高度值。

对正（J）：确定文字对齐方式。

行距（L）：控制多行文字行与行之间的间距。

旋转（R）：确定文字的倾斜角度。

宽度（W）：确定多行文字的字体样式。

栏（C）：设定栏设置。

设置好以上选项后，系统提示“指定对角点：”，这两个对角点形成的矩形区域中，就是多行文字输入区域，同时将显示如图 3-16 所示的多行文字编辑区。

③文字格式工具栏上工具含义

Standard txt, gbcbig：用于设置文字样式和字体类型。

：“注释性”按钮，表示创建的多行文字是否为注释性文字。

B I U O：分别为“粗体”、“斜体”、“下划线”和“上划线”按钮，用来设置字体的特殊格式。

：“放弃”和“重做”按钮。

：“堆叠”按钮。使用堆叠字符、插入符 (^)、正向斜杠 (/) 和磅符号 (#) 时，堆叠字符左侧的文字将堆叠在字符右侧的文字之上。默认情况下，包含插入符 (^) 的文字转换为左对正的公差值。包含正斜杠 (/) 的文字转换为居中对正的分数值，斜杠被转换为一条同较长的字符串长度相同的水平线。包含磅符号 (#) 的文字转换为被斜线（高度与两个字符串高度相同）分开的分数。斜线上方的文字向右下对齐，斜线下方的文字向左上对齐。堆叠效果如图 3-17 所示。

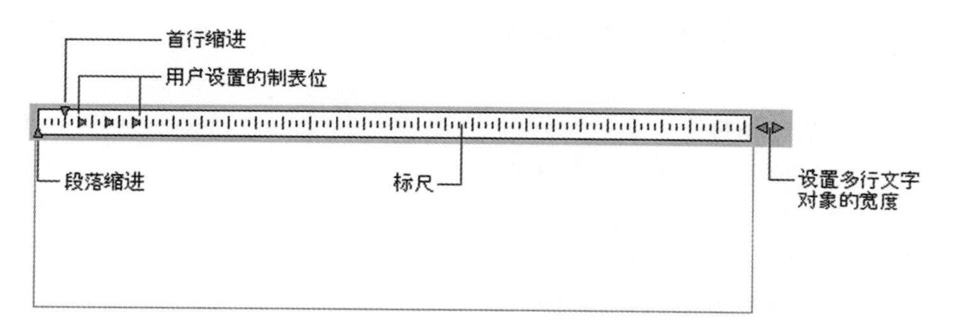

图 3-16　多行文字编辑区

+0.005^-0.005
1/2
1#2

+0.005
-0.005

图 3-17　堆叠前后效果图

：设置文字颜色。

：控制标尺的显示。

：指定多行文字的栏设置。

：指定多行文字的对正效果。

：段落设置，指定制表位和缩进，控制段落的对齐方式、段落间距和段落行距。

：设置编号和项目符号。

：可以选择插入多行文字的字段。

：大小写字母转换。

：可以插入特殊符号。

：用于设置文字的倾斜角度。倾斜角度表示的是相对于90° 方向的偏移角度。

：用于控制增大或减小选定字符之间的空间。1.0000设置是常规间距，大于1.0000为增大间距，小于1.0000为减小间距。

：用于控制扩展或收缩选定字符宽度。

2）编辑多行文字

多行文字和单行文字的编辑方法类似，只是命令不同，多行文字编辑命令为mtedit。

操作过程说明：

创建文字样式，利用多行文字编辑表格中文字，并设置居中对齐，形成如图3-2所示的效果图。

6. 移动标题栏到图框

（1）使用移动命令将标题栏移动到内图框右下角。

启动移动命令的方式：

1）菜单栏中选择："修改 | 移动"命令。

2）修改工具栏中选择按钮启动移动命令。

3）在命令行中输入命令move[M]。

（2）操作过程说明

命令：m

MOVE

选择对象：指定对角点：找到15个（框选标题栏）

选择对象：（空格确认）

指定基点或[位移(D)] <位移>：（捕捉标题栏右下角点为位移基点）

指定第二个点或 <使用第一个点作为位移>：（捕捉内图框右下角点为位移目标点）

绘制效果图如图3-1所示。

【任务总结】

1. 在绘制A3图框时，首先使用矩形命令绘制幅面线框，使用偏移和拉伸命令绘制出内图框，使用直线、偏移、修剪等命令绘制标题栏，最后再定义文字样式，使用多行文字命令输入标题栏中的文字。

2. 按制图规范在绘制A3图框时要注意每个对象线宽的设置。

【任务拓展】

绘制如图 3-18 所示竖向构图的 A3 图框，并设计相应的文本。

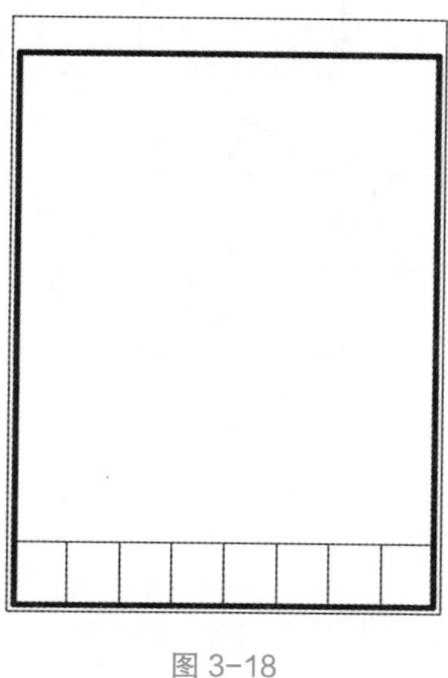

图 3-18

任务报告：

任务 3.2　圆形仿古建筑窗

【任务内容】

绘制圆形古建筑窗，绘制效果如图 3-19 所示。

【任务分析】

首先运用圆（C）绘制窗框，再利用直线 (L) 或多段线命令（PL）按尺寸绘制窗格，利用镜像（MI）、阵列（AR）等命令简化绘制过程。

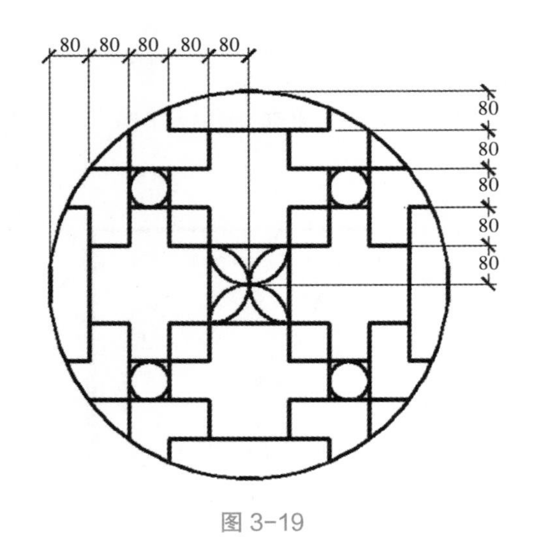

图 3-19

【任务实施】

1. 绘制窗框：利用圆命令，绘制半径 400 的窗框。

（1）启动圆命令的方式

1）菜单栏中选择："绘图 | 圆" 命令。

2）绘图工具栏中选择按钮⊙可以启动圆命令。

3）在命令行中输入 circle[C] 命令。

系统提供了 6 种绘制圆的方式：

1）已知圆的圆心、半径（捕捉圆心后选择参数 R）

2）已知圆的圆心、直径 (捕捉圆心后参数 D)

3）已知圆上任意三点 (参数 3P)

4）已知圆直径的两个端点 (参数 2P)

5）相切、相切、半径 (参数 T)

该方法用于已知圆与两个对象（圆、圆弧、直线等）相切的切点和该圆的半径。

6）相切、相切、相切

这个方法只能通过菜单启动，菜单栏选择 "绘图 | 圆 | 相切、相切、相切" 命令。

提示："相切、相切、半径" 和 "相切、相切、相切" 这两种方法得到的圆不止一个，具体需要绘制哪一个圆是根据捕捉到的切点位置来确定，所以我们要预先估计切点的位置，然后在预估位置附近捕捉才能得到我们想要的圆。

（2）操作步骤说明

命令：c

CIRCLE 指定圆的圆心或 [三点 (3P)/ 两点 (2P)/ 相切、相切、半径 (T)]：(捕捉任意一点为圆心）

指定圆的半径或 [直径 (D)] 〈1000.0000〉：400(输入半径，空格确认)

绘制效果图如图 3-20 所示。

2. 绘制窗格：按图上标注的尺寸，利用直线命令绘制如图 3-21 所示的图形。

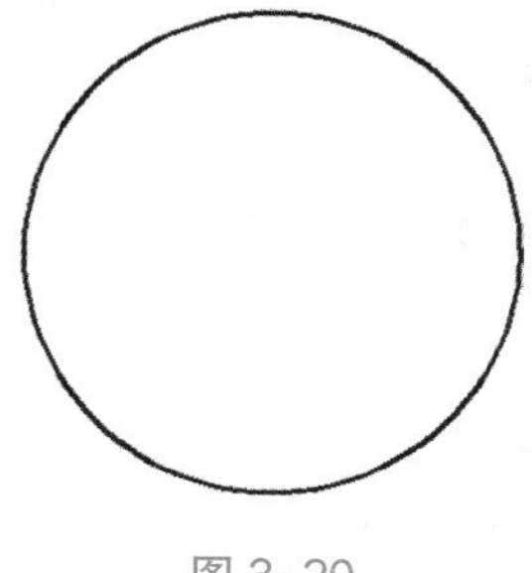

图 3-20

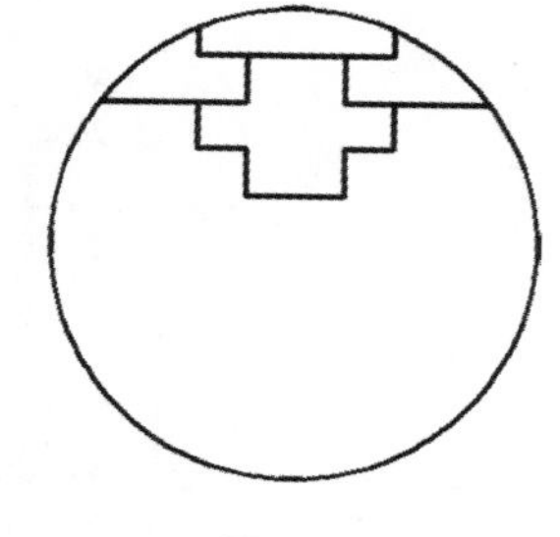

图 3-21

3. 圆形阵列完善窗格的直线部分。

（1）启动阵列命令的方式

1）菜单栏中选择：“修改 | 阵列” 命令。

2）在修改工具栏中选择按钮启动阵列命令。

3）在命令行中输入命令 array[AR]。

矩形阵列：按行列整齐排列的图形对象可使用矩形阵列绘制。启动阵列命令后选择“矩形（R）”参数，进入矩形阵列。矩形阵列绘制好后，所有阵列对象时一个单独整体，双击阵列对象，可以弹出对话框对阵列参数进行修改，也可以用分解命令将阵列对象分解成各自独立的对象分别进行处理。

环形阵列：绕一个点环形排列的图形可利用环形阵列绘制。启动阵列命令后选择“极轴（PO）”参数，进入环形阵列。

路径阵列：将对象按一定路径阵列。启动阵列命令后选择“路径（PA）”参数，进入路径阵列。

（2）绘图步骤说明

命令：ar ARRAY

选择对象：找到 17 个（选择绘制好的窗格）

选择对象：输入阵列类型 [矩形 (R)/ 路径 (PA)/ 极轴 (PO)] < 极轴 >：po（选择参数 PO，空格确认）

类型 = 极轴 关联 = 是

指定阵列的中心点或 [基点 (B)/ 旋转轴 (A)]：(捕捉窗框圆心为阵列中心点)

输入项目数或 [项目间角度 (A)/ 表达式 (E)] <4>：e

输入表达式：4（输入阵列对象的个数，空格确认）

指定填充角度 (+ = 逆时针、 − = 顺时针) 或 [表达式 (EX)] <360>：(空格确认)

按 Enter 键接受或 [关联 (AS)/ 基点 (B)/ 项目 (I)/ 项目间角度 (A)/ 填充角度 (F)/ 行 (ROW)/ 层 (L)/ 旋转项目 (ROT)/ 退出 (X)]

绘图效果如图 3-22 所示。

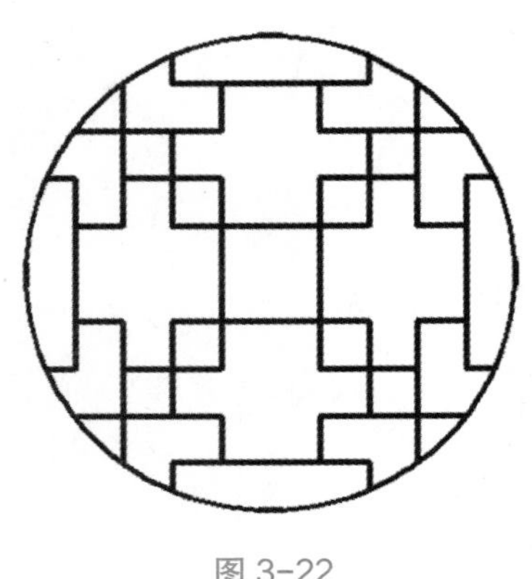

图 3-22

4. 绘制圆形窗格

利用“绘图 | 圆 | 相切、相切、相切”命令，绘制圆形窗格，再利用圆弧命令绘制中间窗格的一条弧线。

（1）启动圆弧命令的方式

1）菜单栏中选择：“绘图 | 圆弧” 命令。

2）绘图工具栏中选择按钮 可以启动圆弧命令。

3）在命令行中输入 arc 命令。

可以使用多种方法创建圆弧。 除第一种方法外，其他方法都是从起点到端点逆时针绘制圆弧。

1）通过指定三点绘制圆弧。

依次指定不在同一直线的三点可以确定一个圆弧。

2）指定起点、圆心和另一个参数绘制圆弧。

第三个参数可以是端点、角度或长度（图 3-23）。

弧的弦长决定包含角度。

3）通过指定起点、端点和另一个参数绘制圆弧第三个参数可以是圆弧的角度、圆弧起点处的切线方向或圆弧的半径（图 3-23）。

4）绘制邻接圆弧和直线

完成圆弧的绘制后，启动 line 命令，在“指定第一点”提示下按空格键，并输入直线长度值，可以立即绘制一端与该圆弧相切的直线。 反之，完成直线的绘制后，通过在“指定起点”提示下启动 arc 命令并按空格键，可以绘制一端与该直线相切的圆弧。只需指定圆弧的端点。绘制效果如图 3-24 所示。

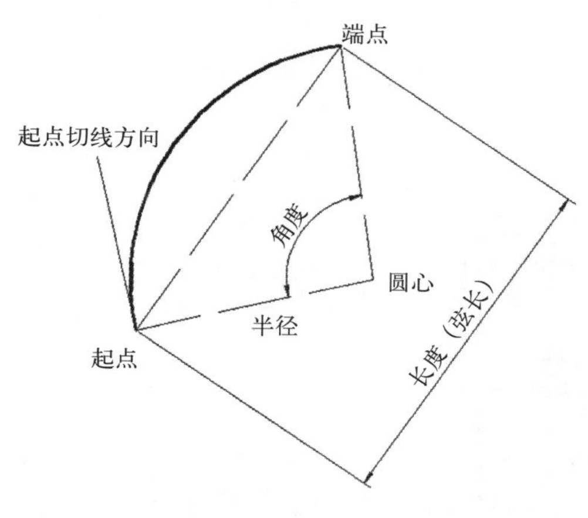

图 3-23　圆弧各参数含义

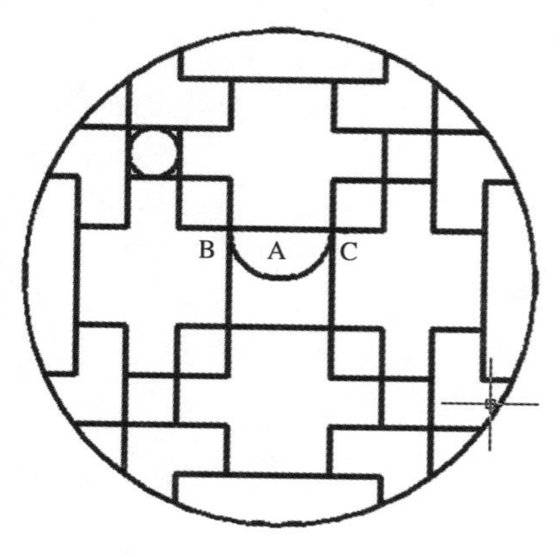

图 3-24

（2）绘图步骤说明

命令：ARC 指定圆弧的起点或 [圆心 (C)]：C

指定圆弧的圆心：(以线段 BC 中点 A 为圆弧圆心)

指定圆弧的起点：(以 B 点为圆弧起点)

指定圆弧的端点或 [角度 (A)/ 弦长 (L)]：(以 C 点为圆弧端点)

5. 用圆形阵列命令完成古建筑窗的绘制，绘制效果如图 3-19 所示。

绘图步骤说明：

命令：ar ARRAY

选择对象：找到 2 个（选择绘制好小圆和圆弧）

选择对象：输入阵列类型 [矩形 (R)/ 路径 (PA)/ 极轴 (PO)] < 极轴 >：po（选择参数 PO，空格确认）

类型 = 极轴　关联 = 是

指定阵列的中心点或 [基点 (B)/ 旋转轴 (A)]：(捕捉窗框圆心为阵列中心点)

输入项目数或 [项目间角度 (A)/ 表达式 (E)] <4>：e

输入表达式：4（输入阵列对象的个数，空格确认）

指定填充角度 (+ = 逆时针、 − = 顺时针) 或 [表达式 (EX)] <360>：(空格确认)

按 Enter 键接受或 [关联 (AS)/ 基点 (B)/ 项目 (I)/ 项目间角度 (A)/ 填充角度 (F)/ 行 (ROW)/ 层 (L)/ 旋转项目 (ROT)/ 退出 (X)]

【任务总结】

首先利用圆命令绘制窗框，再利用直线、圆弧、阵列等命令绘制窗格。绘制过程中注意点的捕捉、阵列的个数和阵列填充角度的设置。

【任务拓展】

设计绘制如图 3-25 所示的方形仿古窗。

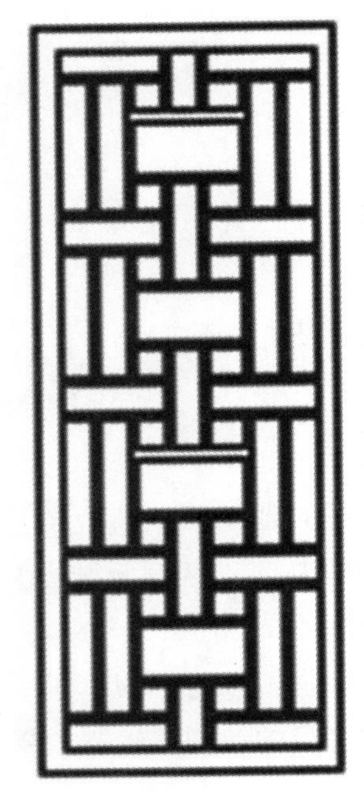

图 3-25

任务报告：

任务 3.3　绘制平面双开门

【任务内容】

绘制平面双开门。绘制效果图如图 3-26 所示。

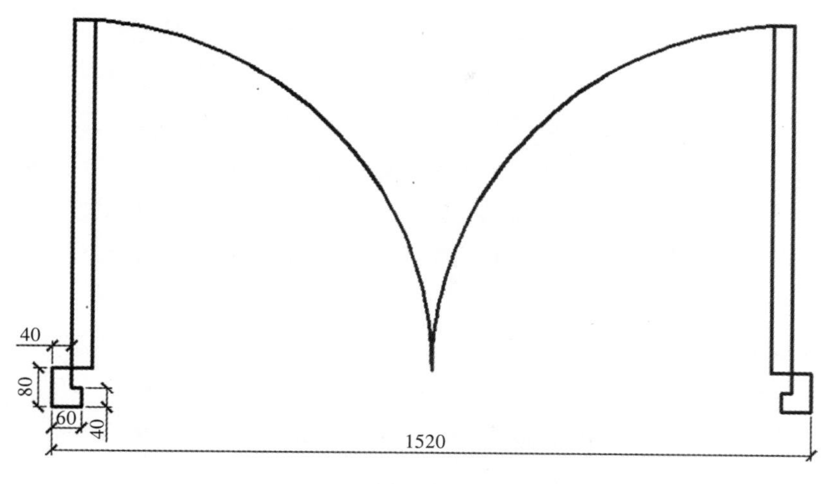

图 3-26

【任务分析】

绘制平面双开门时，利用多段线（PL）绘制一侧门垛，使用矩形 (REC) 命令绘制门扇，利用圆弧 (ARC) 命令绘制门的开启方向线，再通过镜像 (MI) 命令镜像复制完成。

【任务实施】

1. 利用多段线（PL）绘制一侧门垛

多段线是作为单个对象创建的相互连接的序列线段。可以创建直线段、弧线段或两者的组合线段，还可创建不同线宽的线段。

（1）启动多段线命令的方式

1）菜单栏中选择：“绘图 | 多段线”命令。

2）绘图工具栏中选择按钮 可以启动多段线命令。

3）在命令行中输入 pline[PL] 命令。

启动多段线编辑的方法：

1）菜单栏选择“修改 | 对象 | 多段线”命令。

2）在命令行中输入 pedit 命令。

（2）绘制步骤说明

命令：pl（与直线绘制中捕捉方向、输入长度的过程类似，但创建的对象为单个整体）

PLINE

指定起点：

当前线宽为 0.0000

指定下一个点或 [圆弧 (A)/ 半宽 (H)/ 长度 (L)/ 放弃 (U)/ 宽度 (W)]：< 正交 开 > 80

指定下一点或 [圆弧 (A)/ 闭合 (C)/ 半宽 (H)/ 长度 (L)/ 放弃 (U)/ 宽度 (W)]：60

指定下一点或 [圆弧 (A)/ 闭合 (C)/ 半宽 (H)/ 长度 (L)/ 放弃 (U)/ 宽度 (W)]：40

指定下一点或 [圆弧 (A)/ 闭合 (C)/ 半宽 (H)/ 长度 (L)/ 放弃 (U)/ 宽度 (W)]：20

指定下一点或 [圆弧 (A)/ 闭合 (C)/ 半宽 (H)/ 长度 (L)/ 放弃 (U)/ 宽度 (W)]：40

指定下一点或 [圆弧 (A)/ 闭合 (C)/ 半宽 (H)/ 长度 (L)/ 放弃 (U)/ 宽度 (W)]：c

绘制效果如图 3-27 所示。

2. 利用矩形 (REC) 命令绘制门扇

命令：REC RECTANG

指定第一个角点或 [倒角 (C)/ 标高 (E)/ 圆角 (F)/ 厚度 (T)/ 宽度 (W)]：(捕捉 A 点为矩形第一角点)

指定另一个角点或 [面积 (A)/ 尺寸 (D)/ 旋转 (R)]：D

指定矩形的长度 <40.0000>：40

指定矩形的宽度 <720.0000>：

指定另一个角点或 [面积 (A)/ 尺寸 (D)/ 旋转 (R)]：

命令：L（绘制一条长 1520 的直线作为辅助线）

LINE 指定第一点：

指定下一点或 [放弃 (U)]：1520

指定下一点或 [放弃 (U)]：

绘制效果如图 3-28 所示。

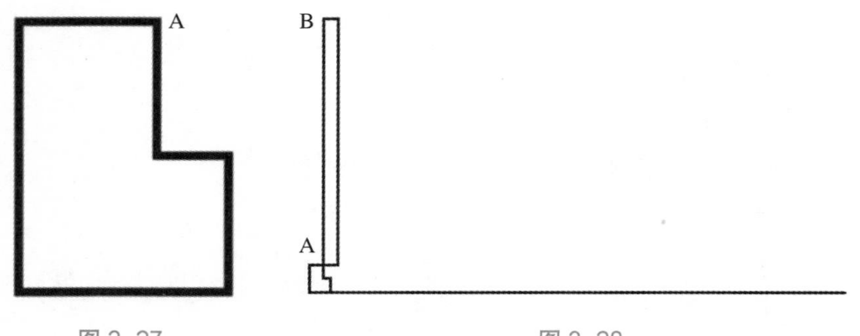

图 3-27　　图 3-28

3. 利用圆弧 (ARC) 命令绘制门的开启方向线

命令：arc

指定圆弧的起点或 [圆心 (C)]：c

指定圆弧的圆心：(捕捉 A 点为圆弧的圆心）

指定圆弧的起点：(捕捉 B 点为圆弧的起点）

指定圆弧的端点或 [角度 (A)/ 弦长 (L)]：a

指定包含角：−90（CAD 中默认角度以逆时针为正）

绘制效果如图 3-29 所示。

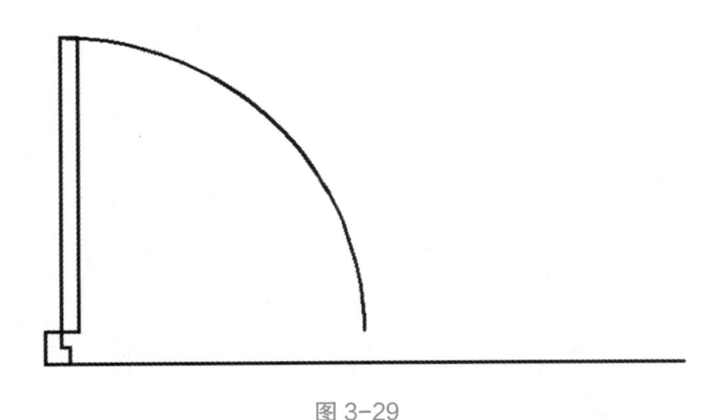

图 3-29

4. 利用镜像 (MI) 命令完成镜像复制

镜像是指绕指定轴翻转创建对称图像的过程。镜像对创建对称的对象非常有用，因为可以快速地绘制半个对象，然后将其镜像，而不必绘制整个对象。

（1）启动复制命令的方式

1）菜单栏中选择：“修改 | 镜像”命令。

2）修改工具栏中选择按钮启动镜像命令。

3）在命令行中输入命令 mirror[MI]。

默认情况下，镜像文字、属性和属性定义时，它们在镜像图像中不会反转或倒置。文字的对齐和对正方式在镜像对象前后相同。 如果确实要反转文字，使用 MIRRTEXT 命令将系统变量设置为 1 即可（图 3-30）。

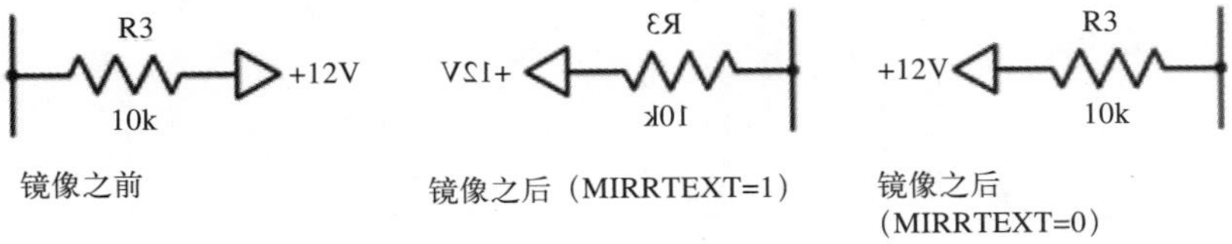

R3 +12V 10k
镜像之前

镜像之后（MIRRTEXT=1）

R3 +12V 10k
镜像之后（MIRRTEXT=0）

图 3-30

（2）绘制步骤说明

命令：mi

MIRROR

选择对象：指定对角点：找到 3 个（选择门垛、门扇、开启方向线，空格确定）

选择对象：指定镜像线的第一点：指定镜像线的第二点：（捕捉辅助线中点为镜像线第一点，垂直方向上捕捉一点为镜像线第二点）

要删除源对象吗？ [是 (Y)/ 否 (N)] <N>：（选择 N 表示不删除原始图像，反之 Y 为删除源图像）

最后删除辅助线。

绘制效果如图 3-31 所示。

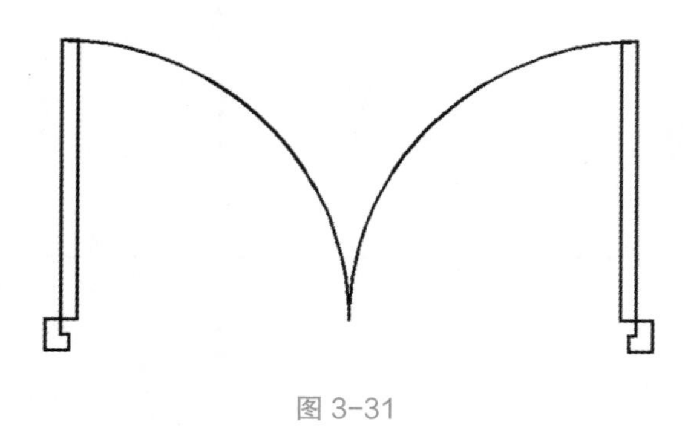

图 3-31

【任务总结】

本任务主要是利用多段线、矩形、镜像、圆弧命令绘制平面双开图形。通过镜像命令的学习，可以大大提高对称图形的绘图效率。

【任务拓展】

绘制如图 3-32 所示的单开门平面图。

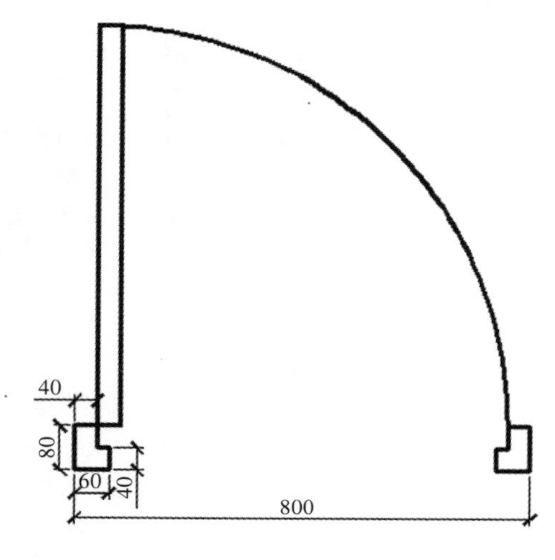

图 3-32

任务报告：

任务 3.4　楼梯断面图

【任务内容】

绘制楼梯断面图，绘制效果如图 3-33 所示。

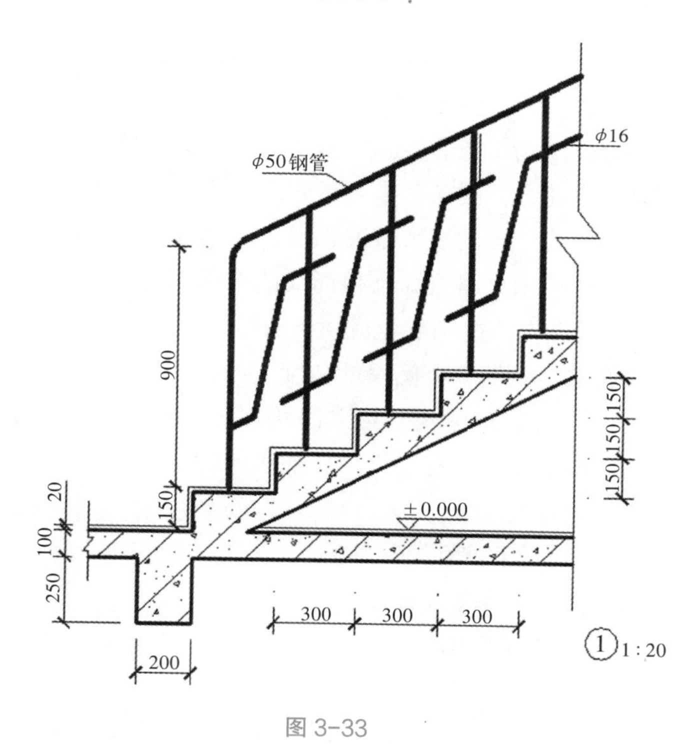

图 3-33

【任务分析】

运用直线命令（L）、多段线命令（PL）按尺寸绘制楼梯及扶手绘制窗框，再填充钢筋混凝土图案。

【任务实施】

1. 绘制楼梯和扶手图样

多段线是作为单个对象创建的相互连接的序列线段。其可以创建直线段、弧线段或两者的组合线段。

（1）绘制多段线

启动正多边形形命令的方式：

1）菜单栏中选择："绘图|多段线" 命令。

2）绘图工具栏中选择按钮可以启动多段线形命令。

3）在命令行中输入 pline[PL] 命令。

（2）多段线编辑

1）启动多段线编辑的方法

①菜单栏选择"修改|对象|多段线"命令。

②在命令行中输入 pedit 命令。

2）多段线编辑包括的内容

①闭合一条非闭合的多段线，或打开一条已经闭合的多段线。

②改变多段线宽度。

③将一条多段线分段成为两条多段线，或将多条相邻的直线、圆弧和二维多段线连接组成一条新的多段线，能合并的条件是各线段的端点首尾相连。

④移去两顶点间的曲线，移动多段线的顶点，或增加新的顶点。

⑤将选定的多段线生成由光滑圆弧连接而成的圆弧拟合曲线，该曲线经过多段线的各顶点；或将多段线各顶点作为控制点生成样条曲线。

2. 运用圆角命令在扶手处倒一个圆滑的角度

利用圆角命令可以给对象加圆角。可以圆角的对象有：圆弧、圆、椭圆和椭圆弧、直线、多段线、射线、样条曲线、构造线、三维实体。

（1）启动圆角命令的方式

1）菜单栏中选择："修改|圆角" 命令。

2）修改工具栏中选择按钮启动圆角命令。

3）在命令行中输入命令 fillet[F]。

（2）参数说明

多段线 (P)：在二维多段线中两条线段相交的每个顶点处插入圆角弧。

半径 (R)：定义圆角弧的半径。

修剪 (T)：控制圆角命令是否将选定的边修剪到圆角弧的端点，如图 3-34 所示。

多个 (M)：给多个对象集加圆角。 FILLET 将重复显示主提示和"选择第二个对象"提示，直到用户按 ENTER 键结束该命令。

绘制效果如图 3-35 所示。

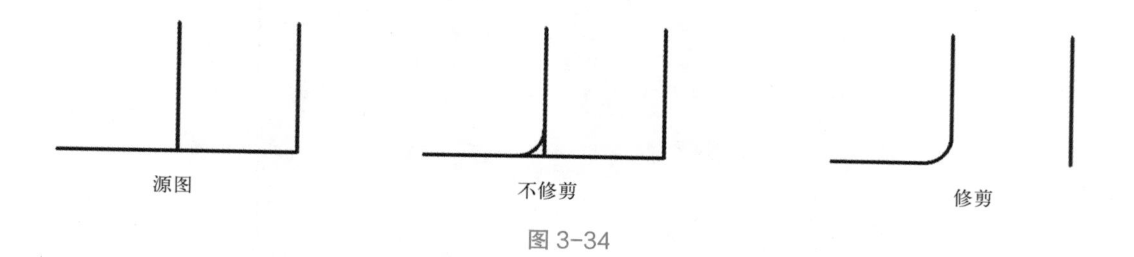

图 3-34

图 3-35

3. 图案填充

（1）启动图案填充的方式

1）菜单栏中选择："绘图 | 填充图案"命令。

2）绘图工具栏中选择按钮可以启动样条曲线形命令。

3）在命令行中输入 hatch 命令。

打开如图 3-36 所示的"图案填充和渐变色"对话框。

（2）参数说明

1）类型和图案

类型：包括预定义、用户定义和自定义三种图案类型。其中预定义指 AutoCAD 预先定义的图案，是常用类型。

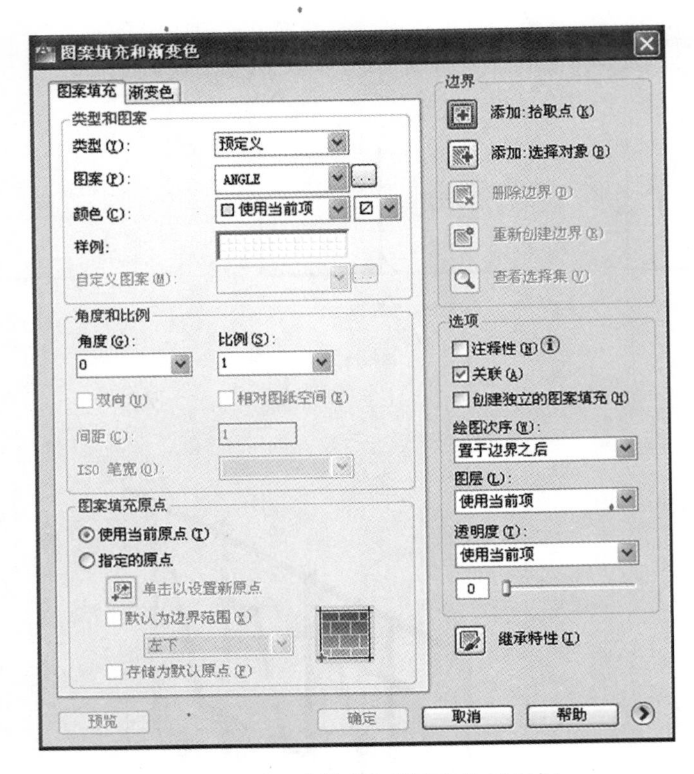

图 3-36 “图案填充和渐变色”对话框

图案：可在下拉菜单中选择填充图案。也可单击后边的省略号按钮弹出“填充图案选项板”对话框，从中选择合适的填充图案类型。

样例：显示选定图案类型的预览。

自定义图案：当在“类型”中选择“自定义”图案类型时可用。

2）角度和比例

角度：设置填充图案的角度（图 3-37）。

比例：设置填充图案的比例值。

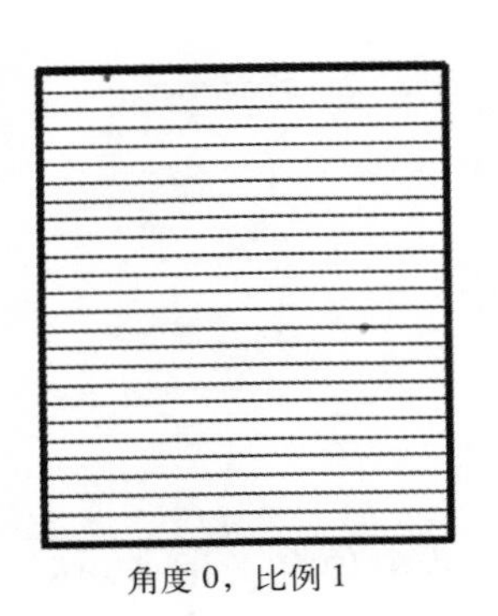

角度 0，比例 1

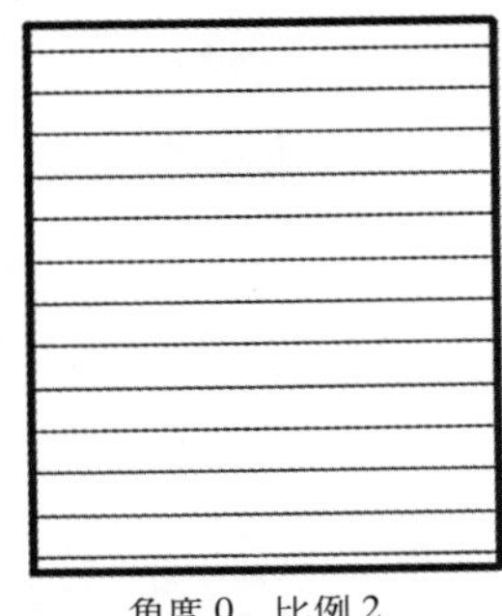

角度 0，比例 2

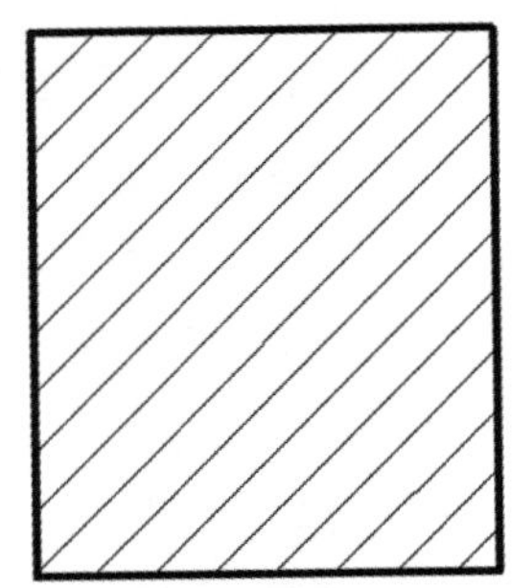

角度 45，比例 2

图 3-37

3）图案填充原点

使用当前原点：设置填充图案生成的起始位置，默认原点位置坐标为 0,0。

指定的原点：用户可根据需要移动图案填充的起点，通过“单击以设置新原点”按钮重新设置一个新的原点位置。

4）边界

添加：拾取点：拾取封闭区域内任意点以选择该区域为填充边界。

添加：选择对象：选择一个构成封闭区域的对象作为填充边界。

5）选项

关联：关联后的图案填充随边界变化而自动更改，非关联则不随边界改变而改变。

创建独立的图案填充：选中后，当选中多个填充对象时，每个对象中的填充图案为独立对象，反之则为一个对象。

绘图次序：为图案填充选定填充顺次序。

（3）绘图步骤

楼梯断面填充钢筋混凝土图案的绘图步骤如下：

第一步：在“填充图案选项板”里“其他预定义”选项卡中选择表示混凝土的图案 AR-CONC，设置好比例，边界选择“添加拾取点”按钮，到绘图界面里单击需要填充图案的内部即可。填充后效果如图 3-38 所示。

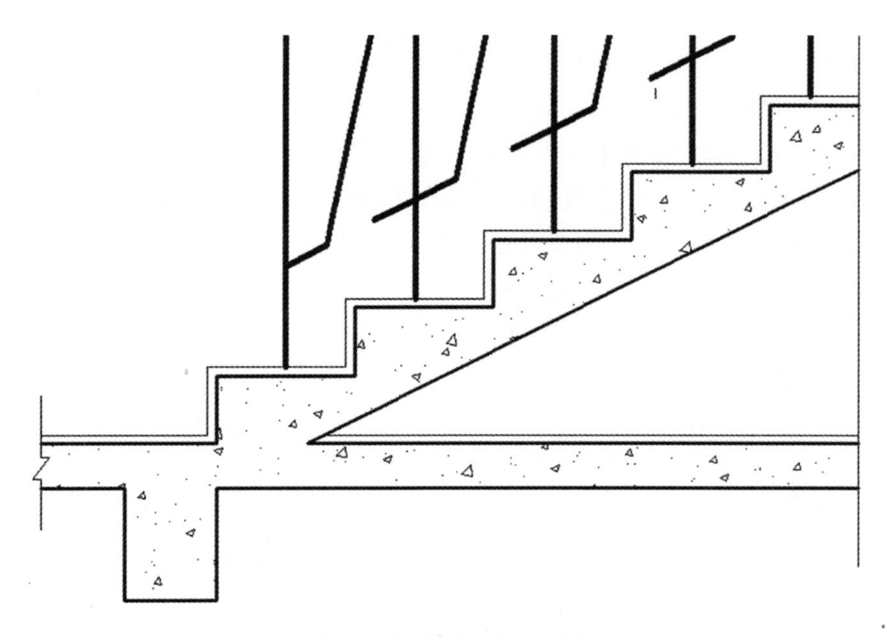

图 3-38　填充混凝土图案

第二步：在“填充图案选项板”里“ANSI”选项卡中选择 ANSI31，重复第一步，将 45° 斜线填充到矩形中，如图 3-39 所示。

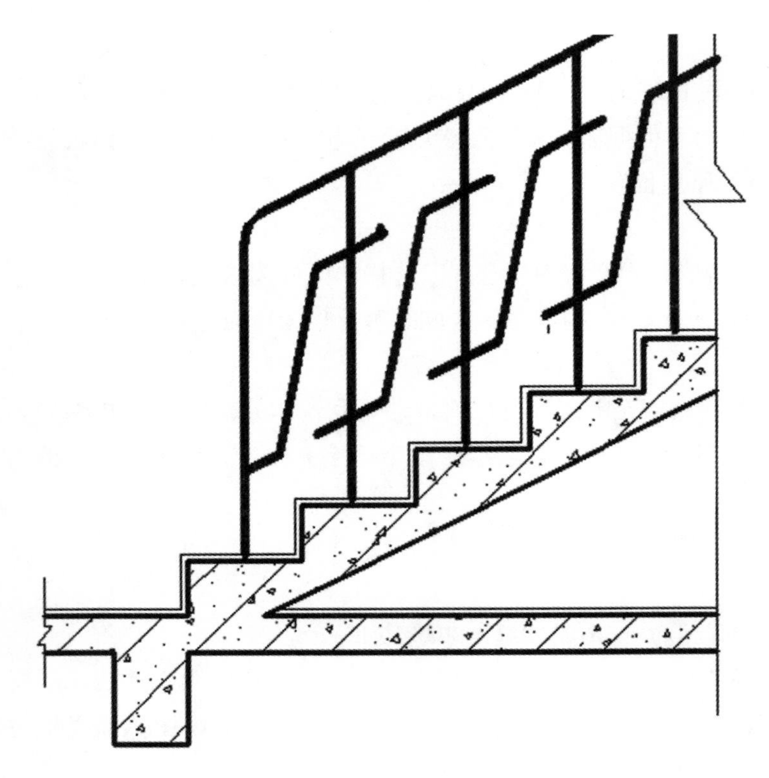

图 3-39　填充表示钢筋的 45° 斜线

4. 渐变色填充

启动渐变色填充的方式：

（1）菜单栏中选择："绘图 | 填充图案" 命令，选中 "渐变色" 选项卡。

（2）绘图工具栏中选择按钮 可以启动样条曲线形命令。

单色：由单色向较深或较浅渐变。

双色：由一种颜色向另一种颜色渐变。

居中：控制渐变色居中。

角度：控制渐变色方向。

其余功能和图案填充一样。

【任务总结】

本任务主要运用了多线（PL）、直线 (L)、圆角 (F)、复制 (CO) 等命令，进行了图案填充，注意在填充图案时图案的比例和角度的设置。

【任务拓展】

按尺寸绘制如图 3-40 所示断面图，并填充图案。

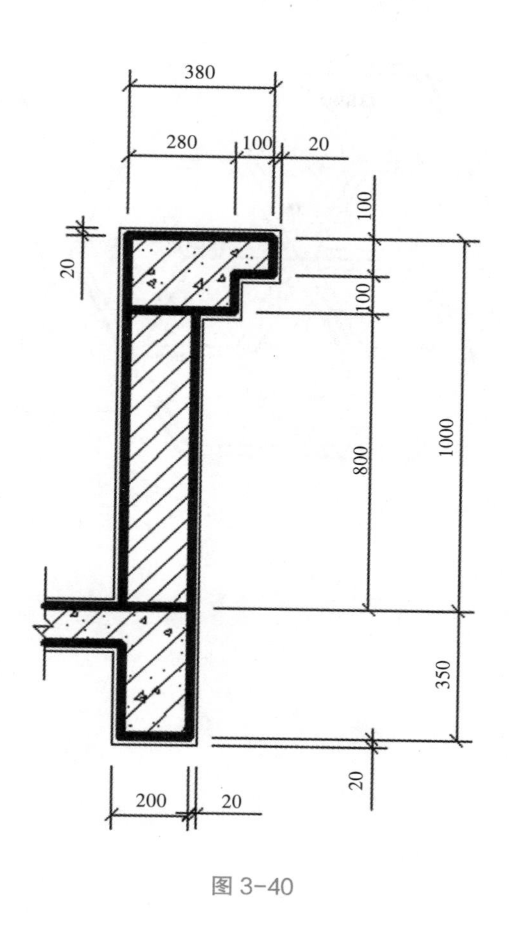

图 3-40

任务报告：

任务 3.5　铺地砖大样

【任务内容】

绘制铺地砖大样，包括绘制砖外部形状和花纹，绘制效果如图 3-41 所示。

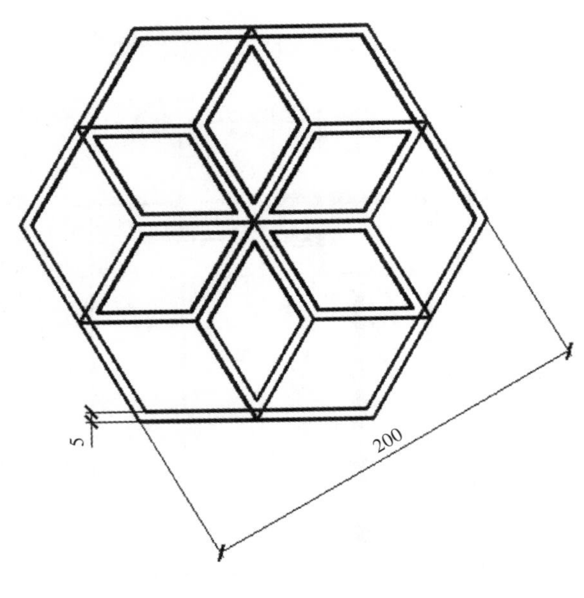

图 3-41

【任务分析】

本任务主要利用正多边形（POL）、偏移（O）、旋转（RO）、镜像（MI）、环形阵列（AR）等命令绘制铺地砖大样图。

【任务实施】

1. 利用正多边形名利绘制砖外形

（1）启动正多边形形命令的方式

1）菜单栏中选择："绘图 | 正多边形" 命令。

2）在绘图工具栏中选择按钮⬠可以启动正多边形命令。

3）在命令行中输入 polygon[POL] 命令。

系统提供了三种绘制正多边形的方式。

1）内接圆法

该方法已知正多边形的中心点、边数和一个特殊的假设圆（不需要绘制该圆）的半径，正多边形的所有顶点都在这个假设圆上。这种情况下，正多边形在假设圆内部，因此称为该正多边形内接于圆。

2）外切圆法

该方法已知正多边形的中心点、边数和一个特殊的假设圆（不需要绘制该圆）的半径，正多边形每条边都与这个假设圆相切。这种情况下，正多边形在假设圆外部，因此称为该正多边形外切于圆。

3）边长法

该方法已知正多边形边数和一条边。

用边来绘制正多边形时，捕捉直线端点顺序不同，会得到不同方向的正多边形，如图 3-42 所示。直线 12 为正多边形已知边，按 1、2 的顺序捕捉，得到不同方向的正多边形。

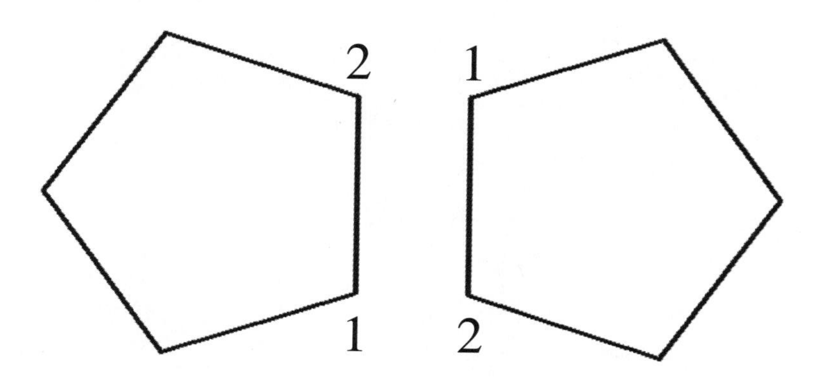

图 3-42 捕捉边端点顺序影响正多边形方向

（2）绘制步骤说明

命令：c（绘制一个半径为 100 的辅助圆以方便捕捉中心点）

CIRCLE 指定圆的圆心或 [三点 (3P)/ 两点 (2P)/ 相切、相切、半径 (T)]：

指定圆的半径或 [直径 (D)] <100.0000>：100

命令：pol（绘制正六边形）

POLYGON 输入边的数目 <3>：6（输入边数，空格确定）

指定正多边形的中心点或 [边 (E)]：(捕捉辅助圆圆心为中心点）

输入选项 [内接于圆 (I)/ 外切于圆 (C)] <I>：c（根据已知条件判断出该正六边形外切于半径为 100 的圆）

指定圆的半径：100

绘图效果如图 3-43 所示。

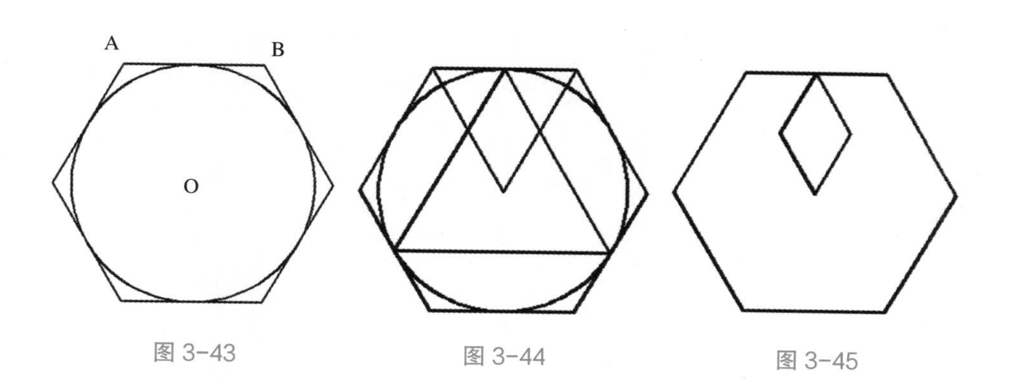

图 3-43　　图 3-44　　图 3-45

2. 绘制内部花纹

命令：pol

POLYGON 输入边的数目 <6>：3

指定正多边形的中心点或 [边 (E)]：

输入选项 [内接于圆 (I)/ 外切于圆 (C)] <C>：i（根据已知条件判断出该正三角形内接于半径为 100 的圆）

指定圆的半径：100

利用直线（L）命令连接 AOB 点。绘制效果如图 3-44 所示。

删除辅助圆，并修剪，如图 3-45 所示。

利用偏移和修剪命令绘制，如图 3-46 所示。

利用阵列命令绘制，如图 3-41 所示。

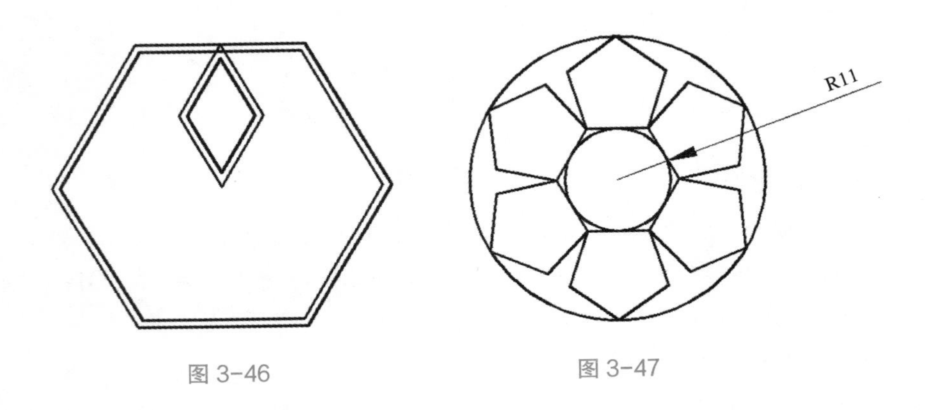

图 3-46　　图 3-47

【任务总结】

在绘制正多边形时，要根据已知条件判断选择参数内接于或外切于圆，但通常情况下不需要绘制出相应的圆，除非需要多次捕捉中心点。灵活运用阵列可以大大提高绘图效率。

【任务拓展】

绘制如图 3-47 所示的圆形铺地砖大样图。

任务报告：

任务 3.6　绘制楼梯平面图

【任务内容】

按比例绘制楼梯平面图，包括墙体绘制、楼梯井绘制和楼梯绘制。绘制效果如图 3-48 所示。

【任务分析】

本任务中，将用到 3 种样式的多线，第一种是 240mm 和楼梯井的两条平行线组成的多线样式，第二种是窗用的 4 条平行线组成的多线样式，第三种是楼梯用到的 10 条多线组成的多线样式。因此分别按图设置名为 q 样式绘制墙和楼梯井，包括两条平行线，偏移分别设为 0.5 和 −0.5；c 样式绘制窗，包括四条平行线，偏移分别设为 0、1、2、3；t 绘制 9 步楼梯，包括十条平行线，偏移分别设为 0~9 三个多线样式，如图 3-49 所示。每一步需使用参数 J、S 和 ST 改变多线设置。图形按 1 : 50 的比例绘制，因此绘制尺寸均需除以 50。

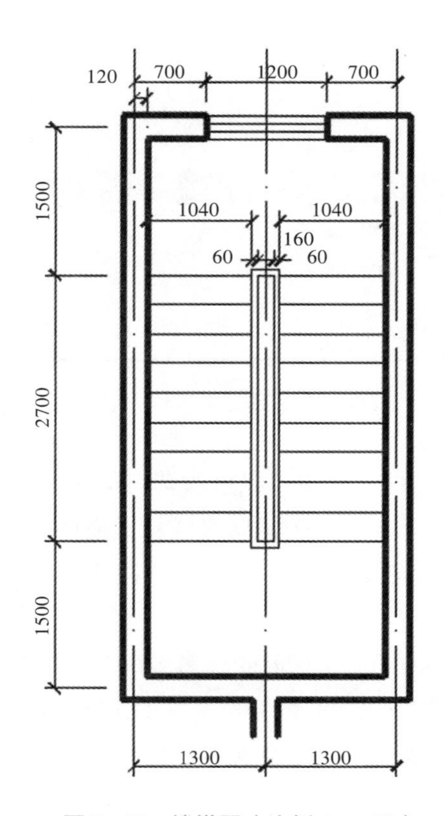

图 3-48　楼梯图（比例 1 : 50）

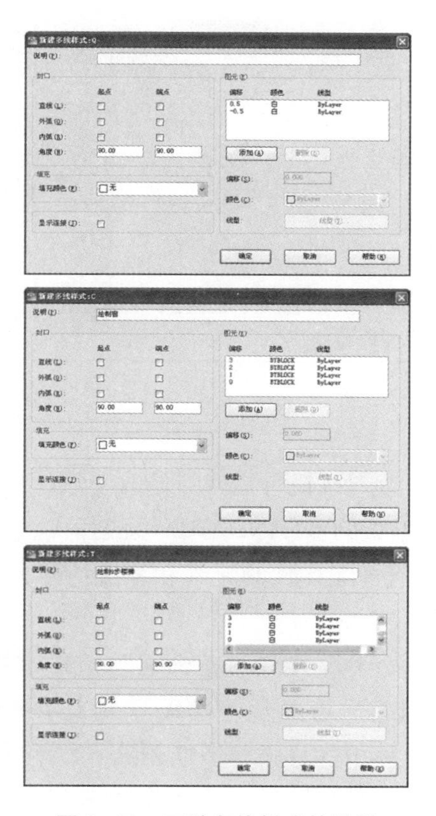

图 3-49　三种多线样式的设置

【任务实施】

1. 多线命令

多线对象由 1 至 16 条平行线组成，这些平行线称为元素。 要修改多线及其元素，可以使用通用编辑命令、多线编辑命令和多线样式。

(1) 多线样式

在实际绘制前可以设置或修改多线的样式。在菜单栏中选择“格式|多线样式”或输入命令 mlstyle，弹出如图 3-50 所示的“多线样式”对话框。

在对话框中，“当前多线样式”显示当前正在使用的多线样式；“样式”列表中显示已经创建好的多线样式；“说明”框中显示当前多线样式的附加说明；“预览”框中显示当前选中的多线样式的形状。

“置为当前”按钮将选中多线样式置为当前多线样式，不能将外部参照中的多线样式设置为当前样式。“新建”按钮用于创建新的多线样式，单击后会弹出如图 3-51 所示的对话框。

图 3-50 “多线样式”对话框

图 3-51 “创建新的多线样式”对话框

“修改”按钮可显示“修改多线样式”对话框，从中可以修改选定的多线样式。 不能修改默认的 STANDARD 多线样式。不能编辑 STANDARD 多线样式或图形中正在使用的任何多线样式的元素和多线特性。 要编辑现有多线样式，必须在使用该样式绘制任何多线之前进行。

“重命名”按钮可重命名当前选定的多线样式。 不能重命名 STANDARD 多线样式。“删除”可以从“样式”列表中删除当前选定的多线样式。 此操作并不会删除 MLN 文件中的样式。不能删除 STANDARD 多线样式、当前多线样式或正在使用的多线样式。“加载”显示“加载多线样式”对话框，从中可以从指定的 MLN 文件加载多线样式。“保存”将多线样式保存或复制到多线库 (MLN) 文件。 如果指定了一个已存在的 MLN 文件，新样式定义将添加到此文件中，并且不会删除其中已有的定义。默认的文件名是 acad.mln。

创建一个新的多线样式后，单击“继续”按钮，弹出如图 3-52 所示的“新建多线样式”对话框。

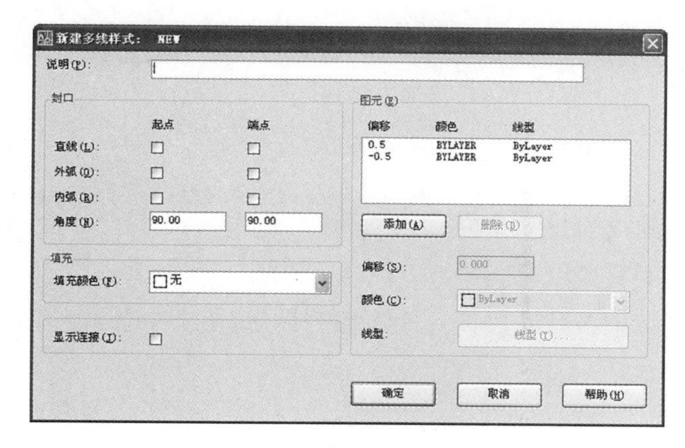

图 3-52 “新建多线样式”对话框

说明：为多线样式添加说明。最多可以输入 255 个字符（包括空格）。

封口：控制多线起点和端点封口。

直线封口：显示穿过多线每一端的直线段（图 3-53）。

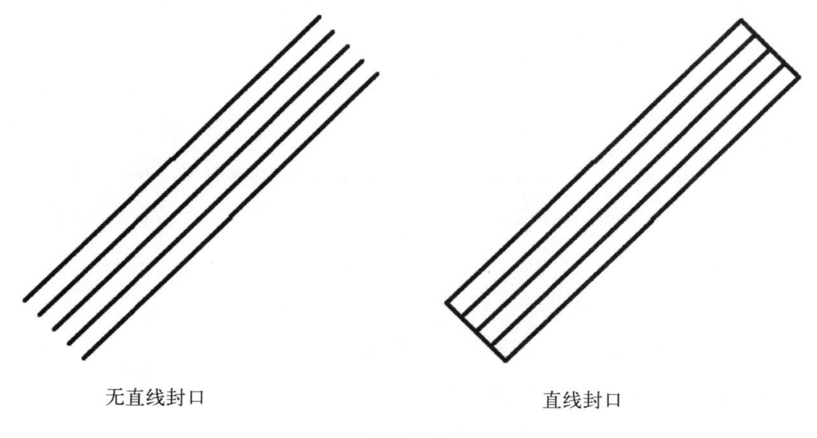

图 3-53

外弧封口：显示多线的最外端元素之间的圆弧（图 3-54）。

内弧封口：显示成对的内部元素之间的圆弧。如果有奇数个元素，则不连接中心线。例如，如果有 6 个元素，内弧连接元素 2 和 5、元素 3 和 4。如果有 7 个元素，内弧连接元素 2 和 6、元素 3 和 5；元素 4 不连接。

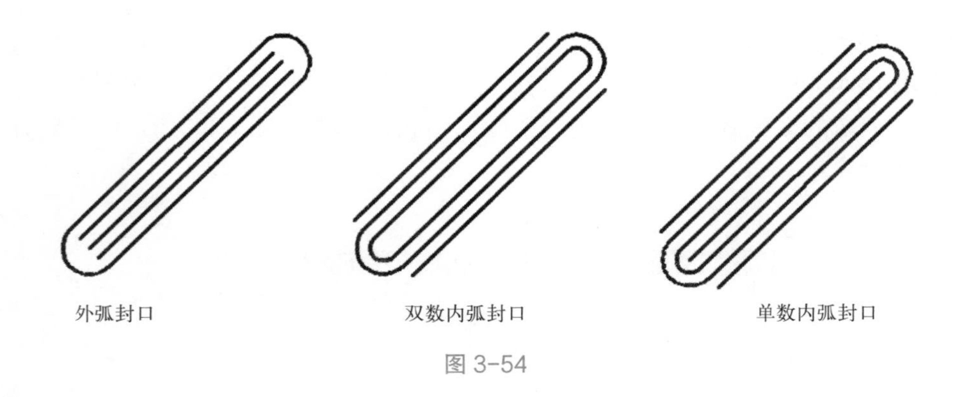

图 3-54

角度封口：指定端点封口的角度。

填充：控制多线的背景填充。

显示连接：控制每条多线线段顶点处连接的显示。接头也称为斜接（图 3-55）。

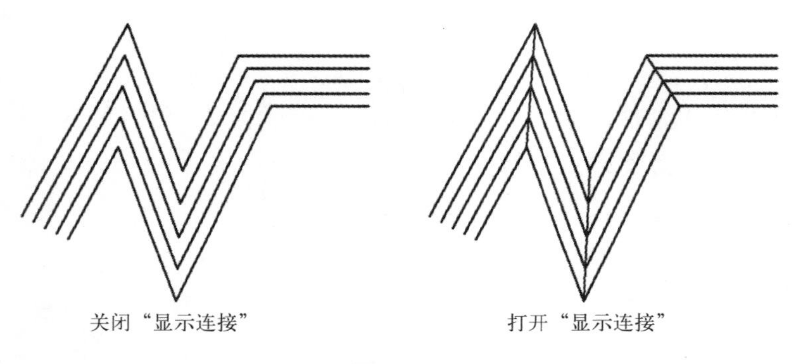

图 3-55

图元：设置新的和现有的多线元素的元素特性，例如偏移、颜色和线型。

添加：将新元素添加到多线样式。只有为除 STANDARD 以外的多线样式选择了颜色或线型后，此选项才可用。

删除：从多线样式中删除元素。

偏移：为多线样式中的每个元素指定偏移值。

颜色：显示并设置多线样式中元素的颜色。

线型：显示并设置多线样式中元素的线型。

（2）绘制多线

多线样式设置好后，在菜单栏上选择“绘图 | 多线”命令，或在命令行里输入 mline[ML] 可以启动多线命令。

参数说明：

对正（J）：确定光标对正位置。

输入对正类型 [上 (T)/ 无 (Z)/ 下 (B)] < 当前 >：输入选项或按 Enter 键

以三条平行线组成的多线为例，假设这三条平行线至起点向右绘制，偏移值分别 0.5，0，−0.5。

上对正：以 0.5 的直线为正对位置绘制多线。

无对正：以 0 的直线为正对位置绘制多线。

下对正：以 −0.5 的直线为正对位置绘制多线。

比例（S）：控制多线的全局宽度。该比例不影响线型比例。

假设两条平行线在多线样式建立时分别设置偏移 0.5 和 −0.5，则这两条平行线之间距离为 1mm。比例因子为 2 绘制多线时，其宽度是样式定义宽度的两倍，即这两条平行线之间距离变成 2mm。负比例因子将翻转偏移线的次序，当从左至右绘制多线时，偏移最小的多线绘制在顶部。负比例因子的绝对值也会影响比例。比例因子为 0 将使多线变为单一的直线。

样式（ST）：指定多线的样式。

（3）多线编辑工具

在菜单栏中选择“修改 | 对象 | 多线”命令，或在命令行中输入 mledit 命令可以弹出如图 3-56 所示的“多线编辑工具”，在这里选择不同的多线编辑工具可以对多线进行不同的编辑。

该对话框显示了多线编辑工具，并以四列显示样例图像。第一列控制交叉的多线，第二列控制 T 形相交的多线，第三列控制角点结合和顶点，第四列控制多线中的打断。可根据所示图例进行相应选择，在对多线对象进行操作时还应注意选择对象的先后顺序可能导致打开对象的不同。

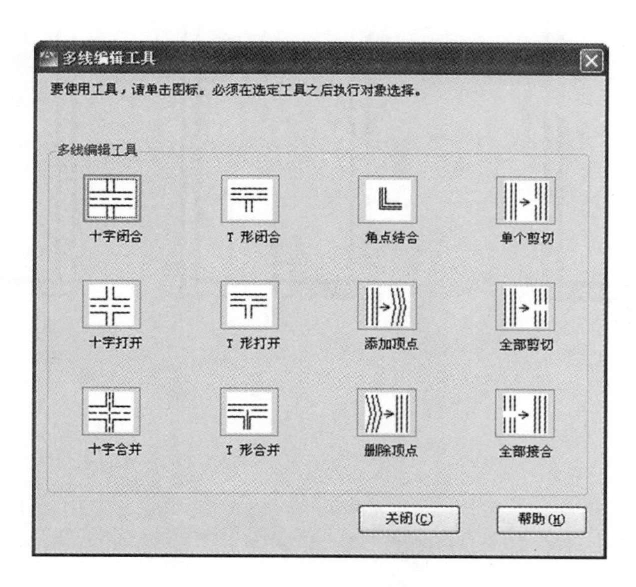

图 3-56　多线编辑工具

2. 绘制步骤说明

（1）绘制外墙

命令：ml MLINE

当前设置：对正 = 无，比例 = 4.80，样式 = Q

（启动 ml 命令，利用参数 J、S、ST 修改为当前设置）

指定起点或 [对正 (J)/ 比例 (S)/ 样式 (ST)]：

指定下一点：14　（按 1：50 的比例换算尺寸）

指定下一点或 [放弃 (U)]：114

指定下一点或 [闭合 (C)/ 放弃 (U)]：52

指定下一点或 [闭合 (C)/ 放弃 (U)]：114

指定下一点或 [闭合 (C)/ 放弃 (U)]：14

指定下一点或 [闭合 (C)/ 放弃 (U)]：

（在下部捕捉中点绘制任意长度同宽多线，做一次 T 型打开，并启动直线命令将多线封口，如图 3-57 所示）

（2）绘制楼梯井

绘制楼梯井前需绘制一条直线作为辅助线，用于定位绘制楼梯井时的起点位置。如图 3-58 所示，捕捉中点，绘制长度为 1380/50 的直线，楼梯井绘制好后删除这条直线。

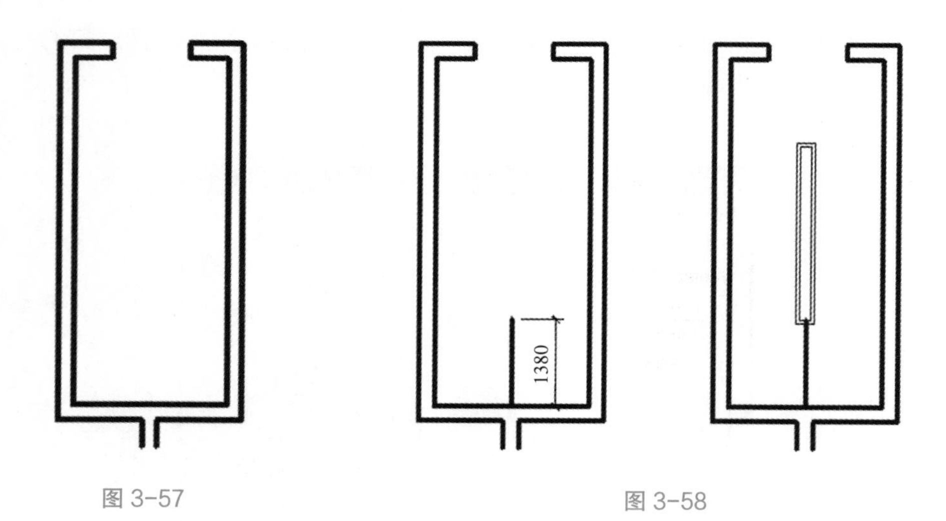

图 3-57　　图 3-58

命令：ML

MLINE

当前设置：对正 = 上，比例 = 1.20，样式 = Q

指定起点或 [对正 (J)/ 比例 (S)/ 样式 (ST)]：

指定下一点：1.6（按逆时针绘制楼梯井）
指定下一点或 [放弃 (U)]：54
指定下一点或 [闭合 (C)/ 放弃 (U)]：3.2
指定下一点或 [闭合 (C)/ 放弃 (U)]：54
指定下一点或 [闭合 (C)/ 放弃 (U)]：c
（3）绘制楼梯
命令：MLINE
当前设置：对正 = 下，比例 = 6.00，样式 = T
指定起点或 [对正 (J)/ 比例 (S)/ 样式 (ST)]：
（设置好参数后绘制楼梯，如图 3-59 所示）
指定下一点：
指定下一点或 [放弃 (U)]：
……
（4）绘制窗
命令：ml MLINE
当前设置：对正 = 下，比例 = 1.60，样式 = C
指定起点或 [对正 (J)/ 比例 (S)/ 样式 (ST)]：
指定下一点：
指定下一点或 [放弃 (U)]：

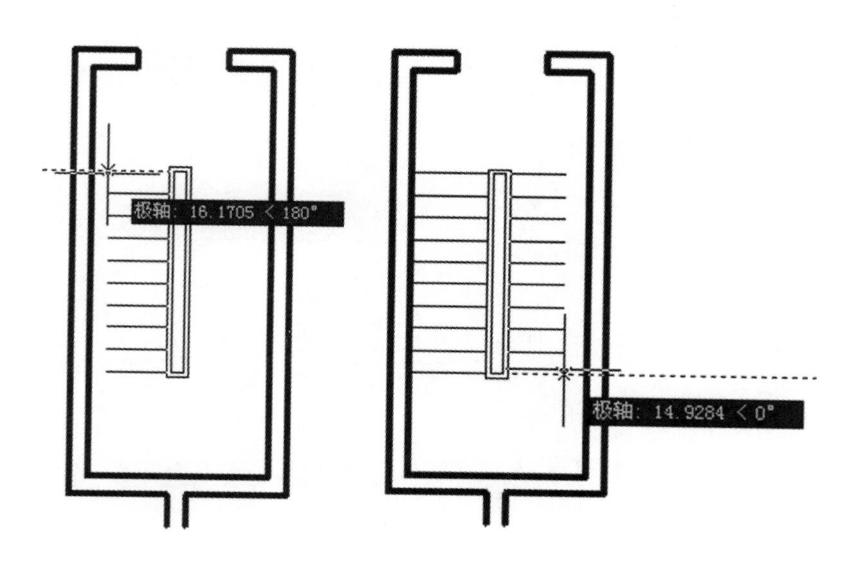

图 3-59

绘制效果如图 3-60 所示。

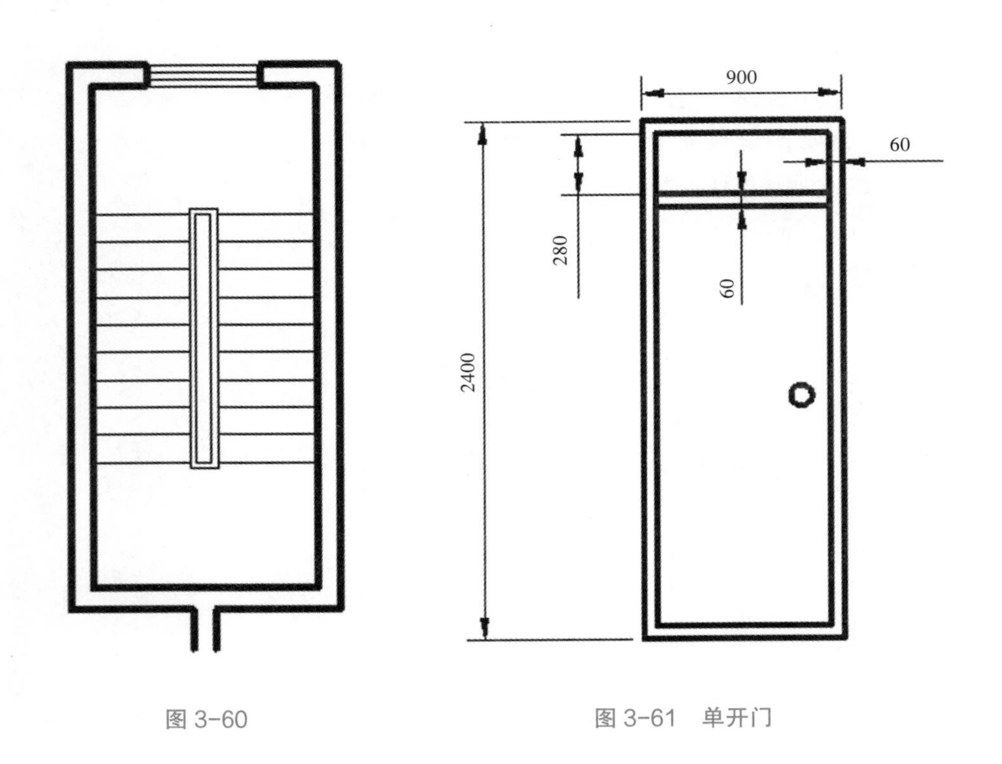

图 3-60

图 3-61　单开门

【任务总结】

本任务主要用到了多线命令，多线命令在建筑平面图中多用于墙体的绘制。灵活运用多线样式、多线编辑等命令，可以提高建筑平面图的绘图速度和绘图质量。

【任务拓展】

绘制如图 3-61 所示的单开门。

任务报告：

任务 3.7　绘制三棱锥三视图

【任务内容】

绘制底边长 30mm，高 50mm 的正三棱锥的投影图。绘制效果如图 3-62 所示。

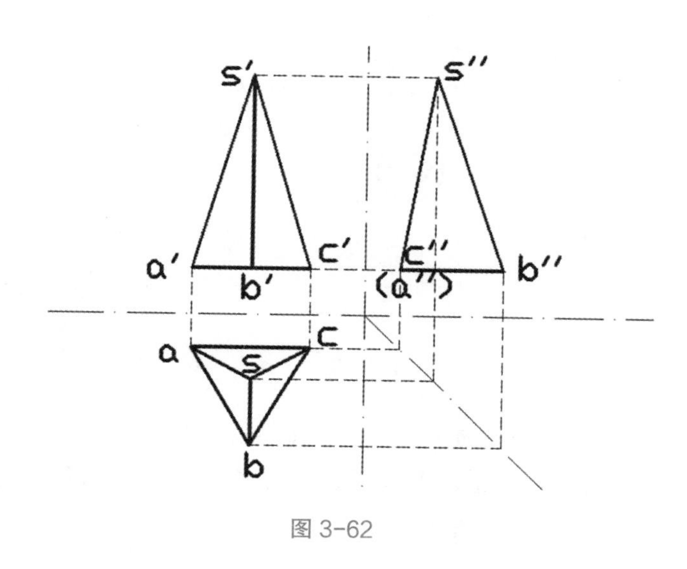

图 3-62

【任务分析】

本任务主要利用直线命令绘制三棱锥的正面、侧面和水平投影图。

【任务实施】

（1）设置线型为细点画线，利用直线命令、旋转命令、修剪命令绘制如图 3-63（a）所示的平面坐标系。

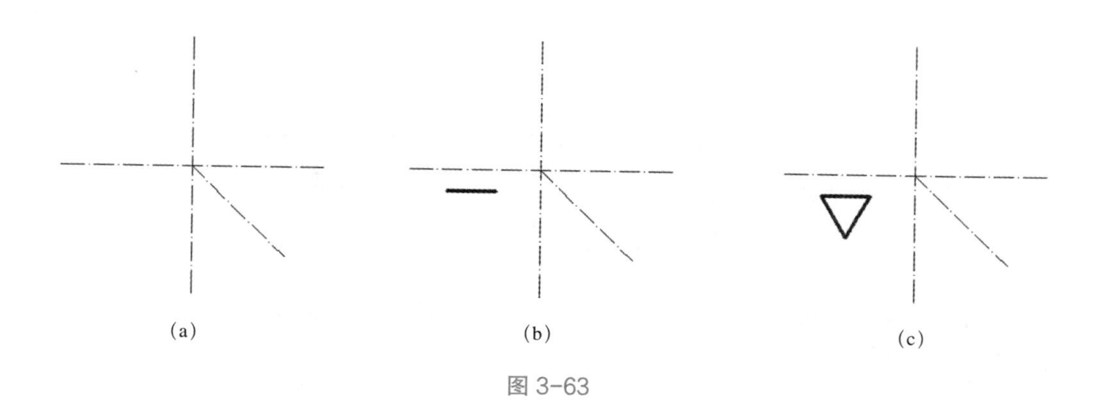

图 3-63

(2) 在坐标系第三象限绘制长 30mm 的直线，如图 3-63（b）所示，利用正多边形命令，绘制一个边长为 30mm 的正三角形（图 3-63c）。用 3p 定圆的方式绘制正三角形的外接圆，如图 3-64（a）所示，绘制圆心到顶点的直线，为三棱锥三条棱，并删除辅助圆，如图 3-64（b）所示。

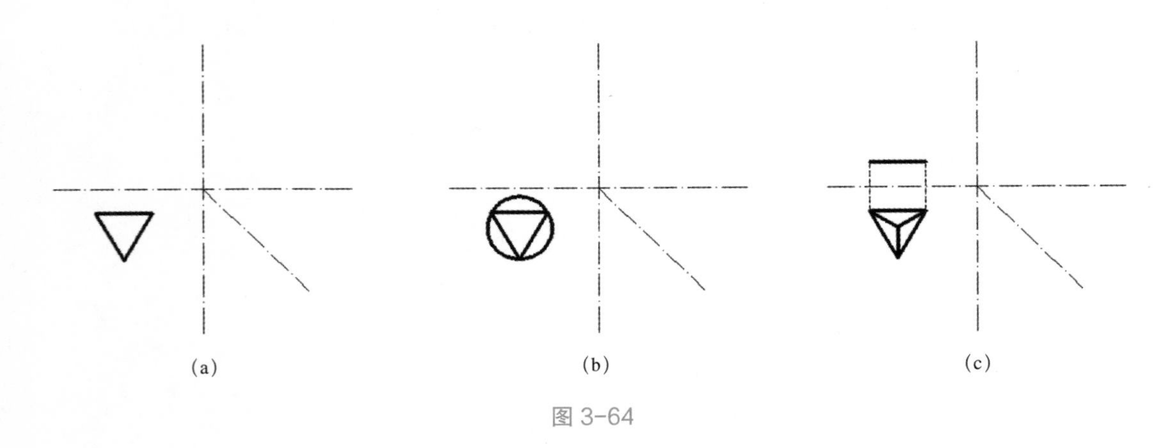

图 3-64

(3) 利用直线和偏移命令绘制如图 3-64（c）所示的两条细虚线，并连接连个端点为三棱锥主视图的下底边。捕捉这条直线的中点向上绘制 50mm 直线，如图 3-65（a）所示，连接下底边两个端点，如图 3-65（b）所示。

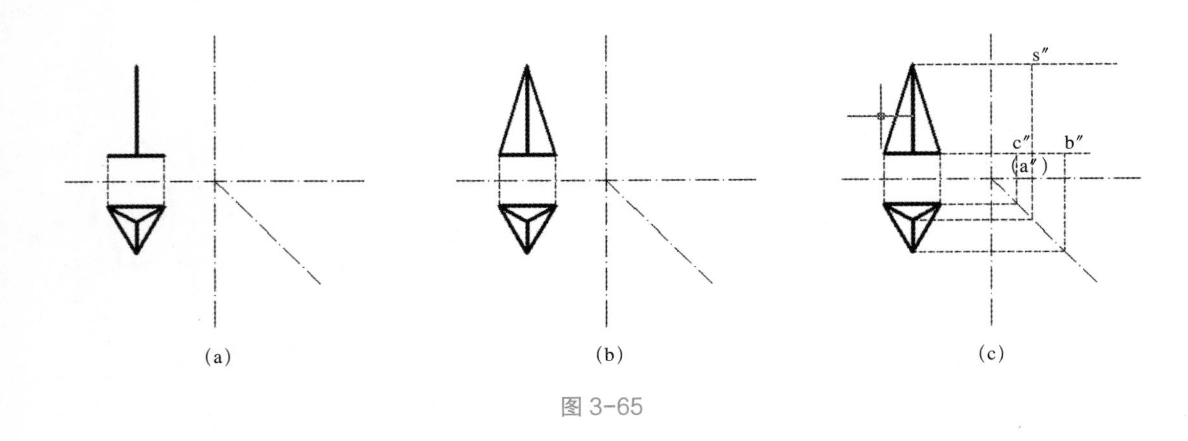

图 3-65

(4) 利用直线命令，分别找到 s″，b″和 c″（a″），如图 3-65（c）所示。

(5) 连接各点，利用单行文字标注各点符号，完成图形绘制。

【任务总结】

在绘制三面投影图时，注意点、直线、面的投影特点，灵活运用直线命令即可准确绘制对象的三面投影图。

【任务拓展】

绘制圆柱体的三视图。

任务报告：

任务 3.8　绘制钢筋混凝土梁断面图并标注

【任务内容】

按 1∶10 的比例绘制钢筋混凝土梁断面图，并将基本尺寸标注出来，保护层厚度为 25mm。绘制效果如图 3-66 所示。

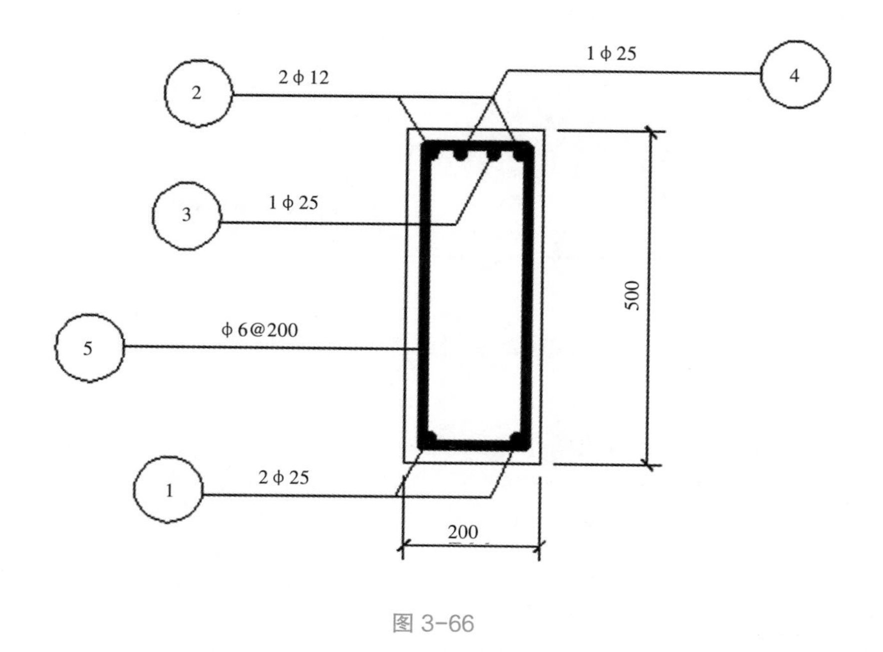

图 3-66

【任务分析】

本任务主要用到矩形、圆环等命令绘制图形，利用线性标注和引线标注命令标注尺寸。精确的尺寸标注是工程技术人员按照图纸进行施工的关键，因此按照建筑行业对标注内容、样式的规定对图形进行简单的标注是非常有必要的。

【任务实施】

利用矩形命令绘制保护层和箍筋，再设置圆环外径为3，内径为0，绘制其余钢筋断面。

1. 圆环命令

圆环是填充环或实体填充圆，即带有宽度的闭合多段线。要创建圆环，应指定它的内外直径和圆心。通过指定不同的中心点，可以继续创建具有相同直径的多个副本。要创建实体填充圆，将内径值指定为0即可。

启动圆环命令的方式：

（1）菜单栏中选择："绘图|圆环"命令。

（2）在命令行中输入 donut（DO）命令。

2. 标注

（1）标注样式的设置

1）尺寸标注的组成

一般标注具有的元素包括：标注文字、尺寸线、箭头和尺寸界限。另外还有一些标注概念，如图3-67所示为尺寸标注元素示意图。

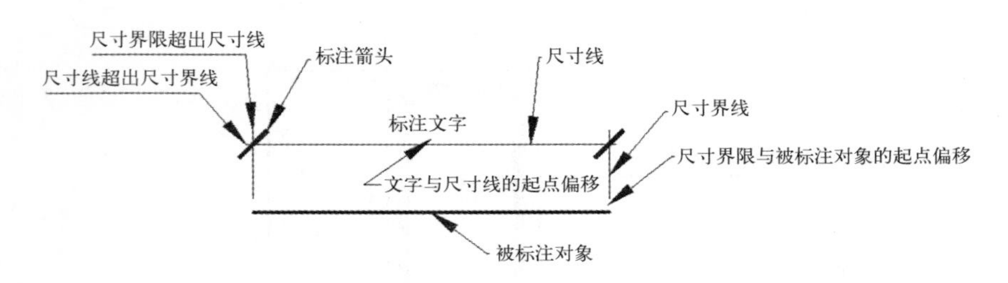

图3-67　尺寸标注元素示意图

2）标注样式设置

启动标注样式的方式：

①菜单栏中选择："格式|标注样式"命令。

②样式工具栏中选择 按钮。

③在命令行中输入命令 dimstyle。

执行上述操作后，系统启动"标注样式管理器"，如图3-68所示。

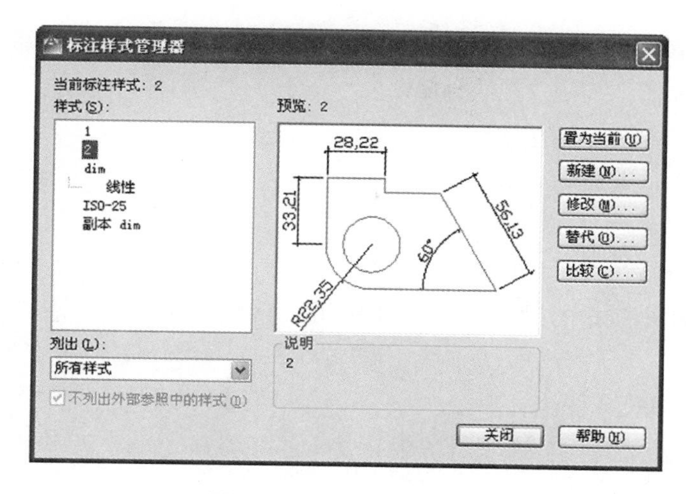

图 3-68 标注样式管理器

(2) 常用尺寸标注

1) 线性尺寸标注

线性标注可以水平、垂直或对齐放置。

启动线性标注的方式:

①菜单栏中选择:"标注 | 线性" 命令。

②标注工具栏中选择 按钮。

③在命令行中输入命令 dimlinear。

2) 对齐尺寸标注

创建与指定位置或对象平行的标注。

启动对齐标注的方式:

①菜单栏中选择:"标注 | 对齐" 命令。

②标注工具栏中选择 按钮。

③在命令行中输入命令 dimligned。

3) 半径、直径尺寸标注

半径和直径标注可以标注圆或圆弧的半径和直径,半径值前面带表示半径的符号 "R",直径值前面带有表示直径的符号 "ϕ"。

启动半径或直径标注的方式:

①菜单栏中选择:"标注 | 半径或直径" 命令。

②标注工具栏中选择 (或) 按钮。

③在命令行中输入命令 dimradius (或 dimdiameter)。

4) 角度尺寸标注

角度标注测量两条直线或三个点之间的角度。 要测量圆或圆弧的两条半径之间的角度,可以选择此圆或圆弧。

启动角度标注的方式：

①菜单栏中选择："标注|直径"命令。

②标注工具栏中选择△按钮。

③在命令行中输入命令 dimangular。

（3）标注编辑

1）修改标注样式

如果修改标注样式中的设置，则图形中的所有使用该样式的标注将自动使用更新后的样式。

2）用命令编辑尺寸标注

通过 dimedit 命令可以修改尺寸界限及文字的倾斜角度。

3）用夹点调整标注位置

夹点编辑是一种高效的编辑工具，选择标注对象后，利用图形对象所显示的夹点，可以拖动尺寸标注对象上任何一个夹点的位置，修改尺寸界限的引线出点位置、文字位置以及尺寸线位置。

4）标注文字处双击鼠标可以启动文字编辑器直接编辑标注文字

绘图步骤说明：利用线性尺寸标注外围尺寸，绘制轴线符号，并标注轴线位置。利用引线标注出其余钢筋尺寸。绘图效果如图 3-66 所示。

【任务总结】

尺寸标注是绘图设计工作中的一项重要内容，图形绘制反映了对象的形状，但并不能表达出图形设计的具体意图，图形中各个对象的尺寸、大小和位置必须经过尺寸标注后才能确定。因此，准确、清楚、规范的标注是非常重要的。

【任务拓展】

标注如图 3-61 所示单开门的尺寸。

任务报告：

项目 4 建筑平面图的绘制

【项目描述】

熟练使用已学的绘图和编辑命令，掌握多线样式、多线编辑命令的操作，学会建筑平面图的尺寸标注与文字注写。

本项目将通过两个学习任务，每个学习任务 6 个课时，共 12 课时来完成建筑平面的绘制，完成效果如图 4-1 所示。

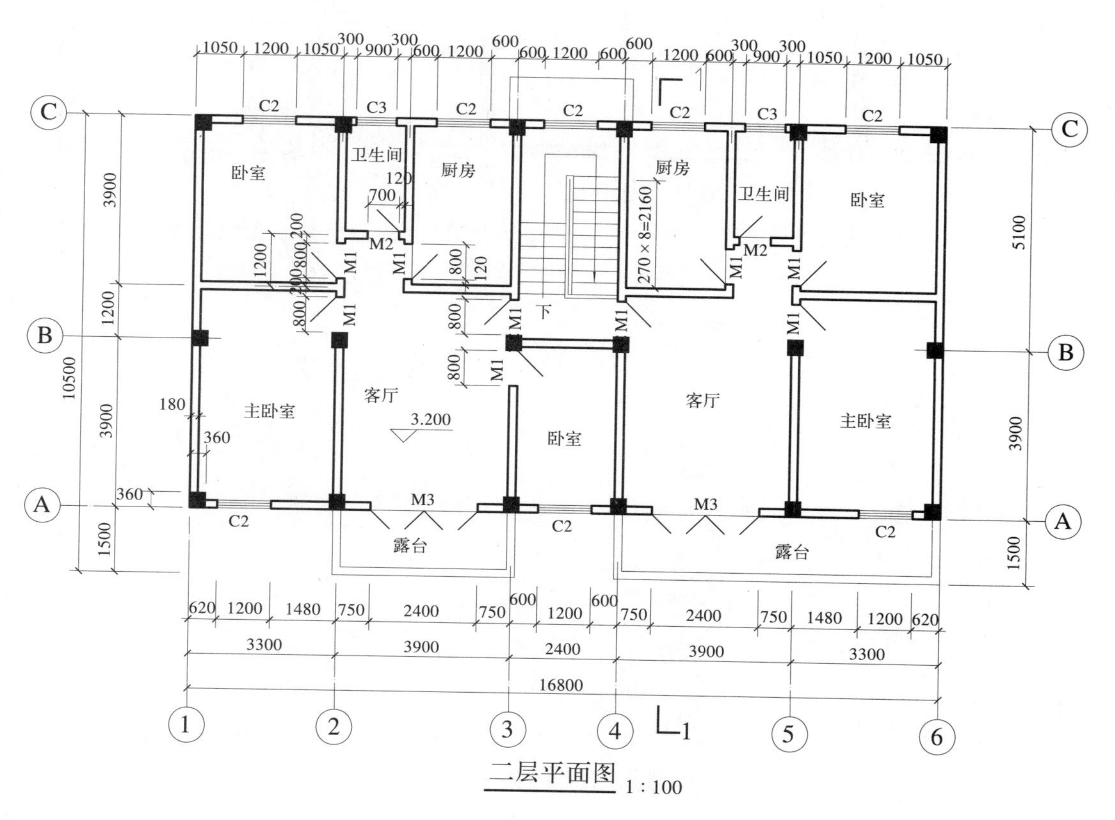

图 4-1 二层平面图

任务 4.1　抄绘建筑平面图

【任务内容】

绘制如图 4-2 所示的建筑平面图。

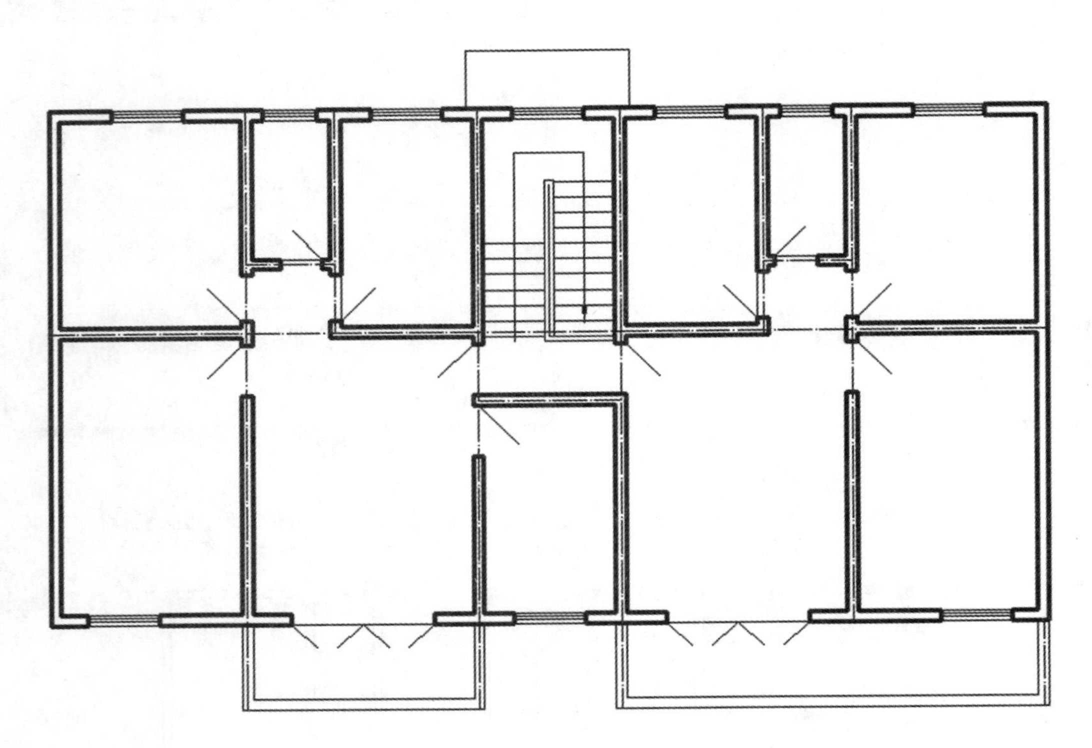

图 4-2　建筑平面图

【任务分析】

1. 熟悉建筑平面图的基本知识。
2. 熟练掌握多线样式、多线编辑命令的操作。
3. 通过实操培养学生解决问题的能力。

【任务实施】

1. 绘制轴线

根据计算可得，水平轴线总长度为 16800，垂直轴线总长度为 10500，用“直线（L）”和“偏移（O）”命令在“轴线”图层上绘制轴线，如图 4-3 所示。

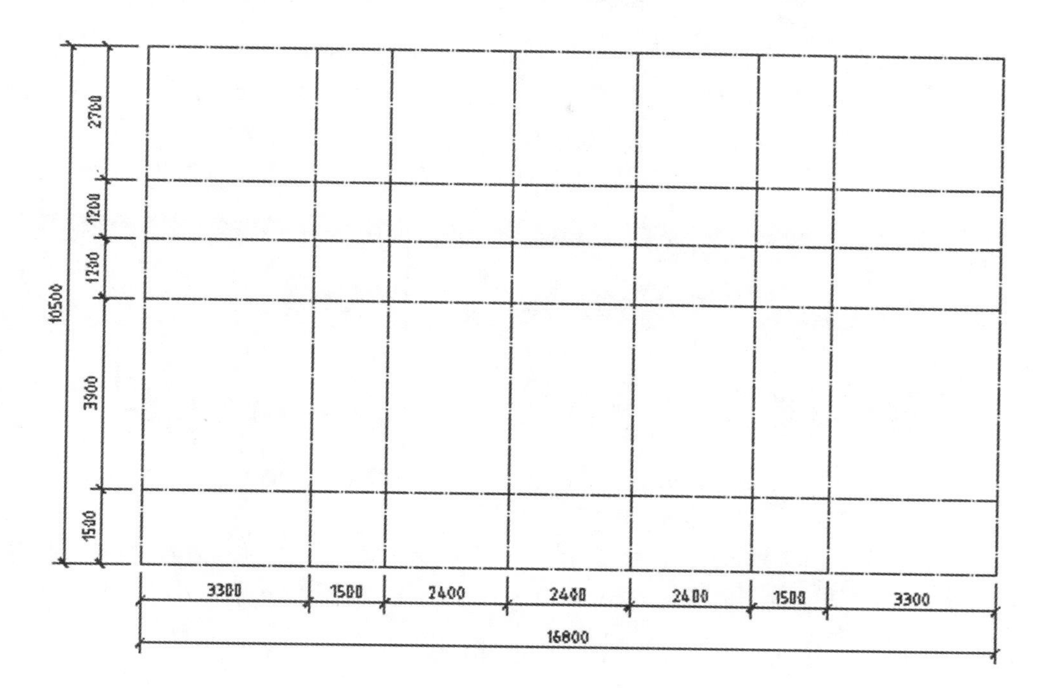

图 4-3 绘制轴线

2. 修剪轴网

用“修剪（TR）”命令，剪掉多余的轴线段，结果如图 4-4 所示。

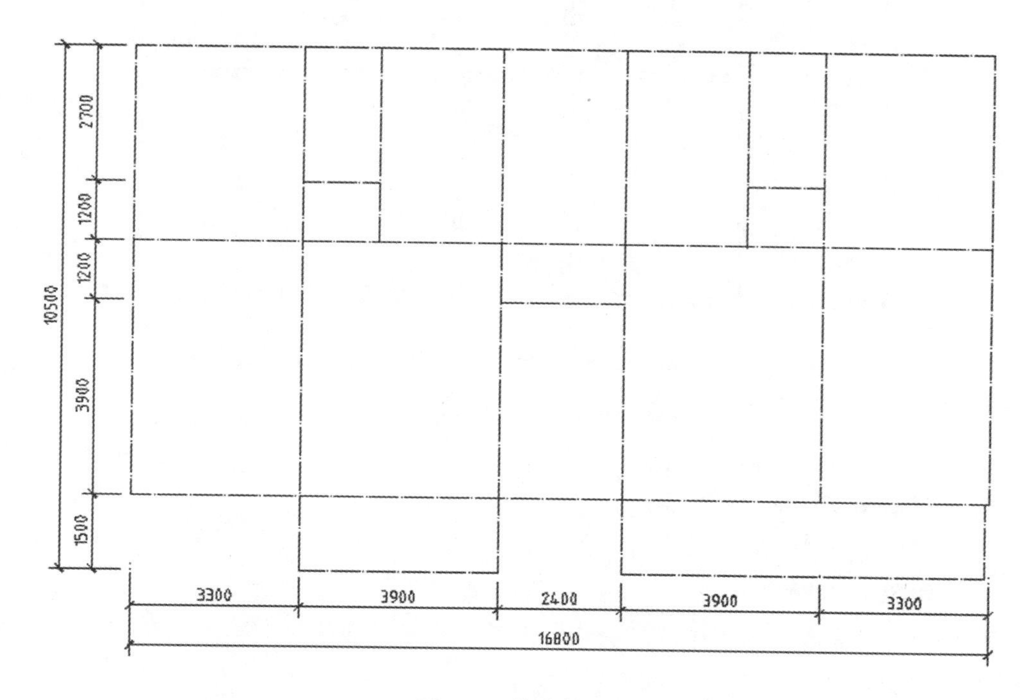

图 4-4 修剪轴线

3. 绘制墙体

(1) 选择“格式 | 多样样式”，创建新样式名为“180”，如图 4-5 所示；设置“新建多线样式”中“封口”的起点和端点为直线，其余保持默认不变，如图 4-6 所示。

图 4-5　创建新样式名

图 4-6　设置封口

(2) 切换到图层“墙线”，选择菜单中的“多线（ML）”选项，输入“J”并按回车键，再输入“T”，指定“对正”为“上”或“无”；输入“S”设置“比例”为 180；最后捕捉轴线的点，按图尺寸完成墙体绘制，如图 4-7 所示。

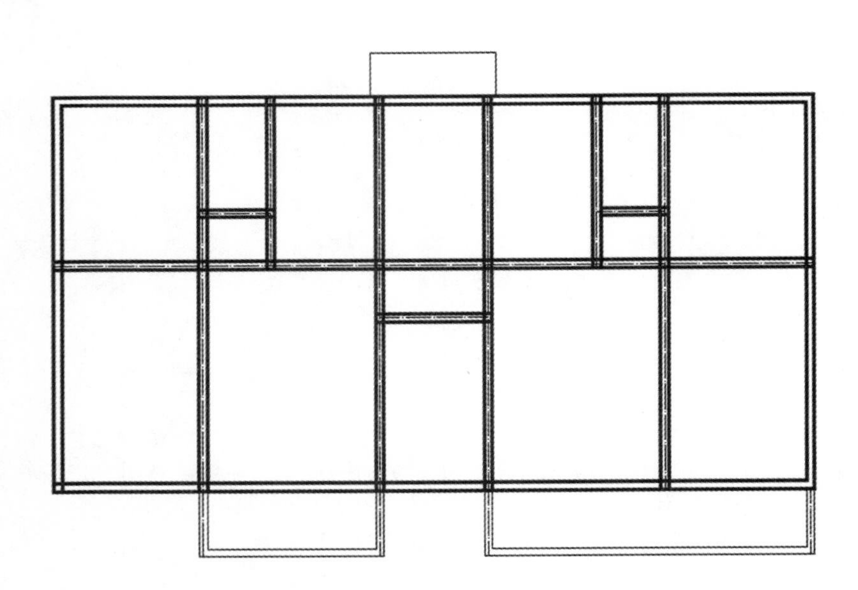

图 4-7　墙线分布图

4. 开门窗洞口，并绘制门窗

(1) 根据如图 4-1 所示的尺寸，用“修剪（TR）”命令或“打断（BR）”命令开门窗洞口，如图 4-8 所示。

(2) 选择“修改”菜单中的“对象”选项，单击“多线”选项卡。在打开的“多线编辑工具”窗口中，选择常用的“T 形合并”、“十字合并”和“角点结合”，将交接处不连通的部分修改使其连通，如图 4-9 所示。

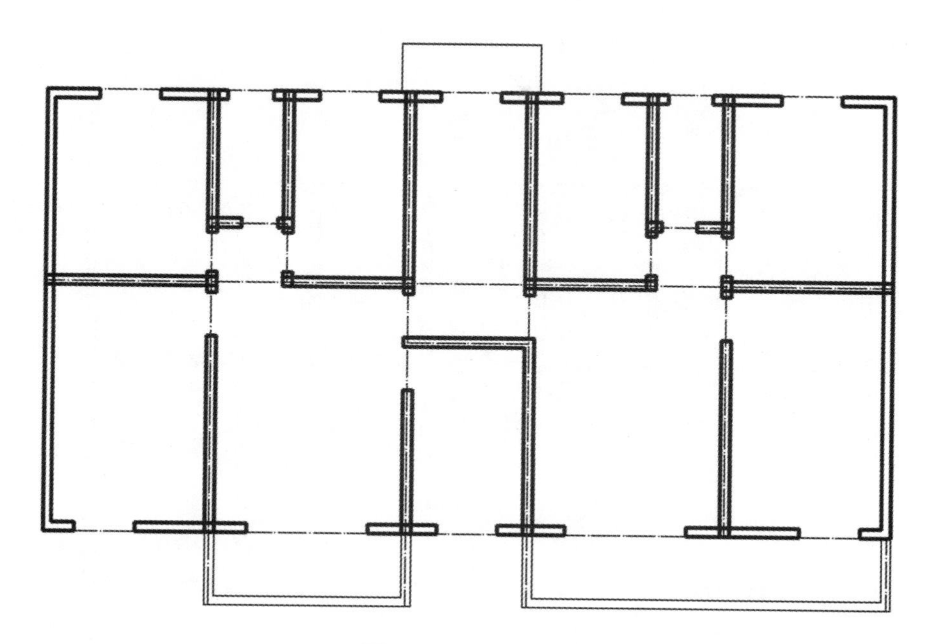

图 4-8　开门窗洞口

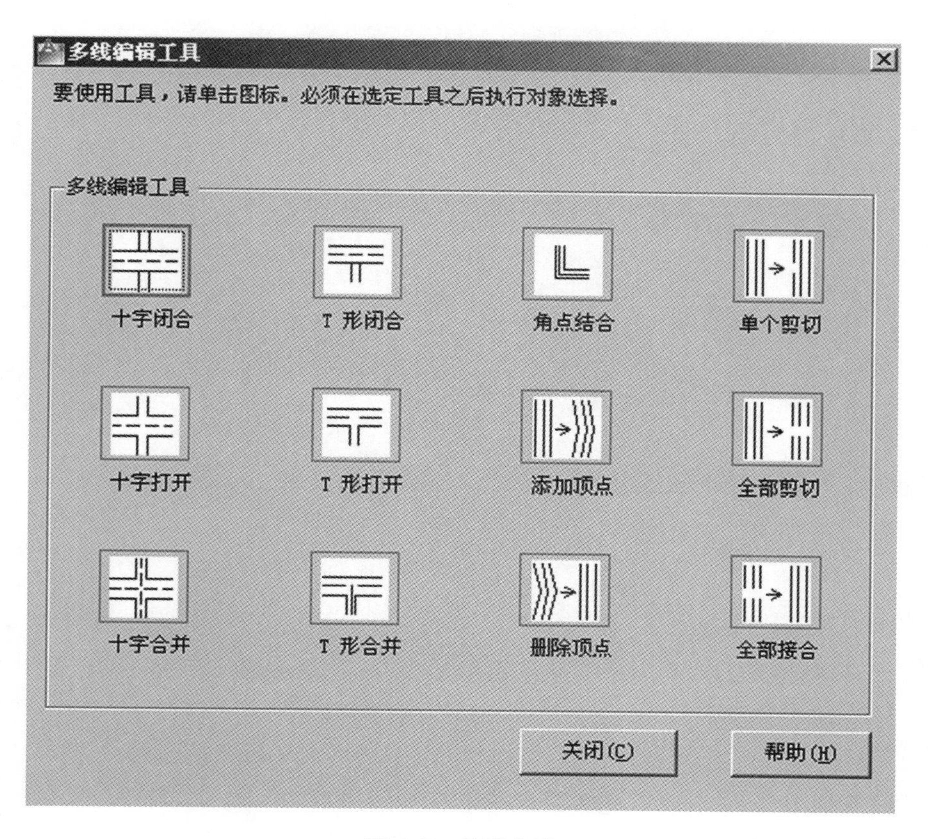

图 4-9　编辑多线

(3) 整理完成后的墙体，如图 4-10 所示。

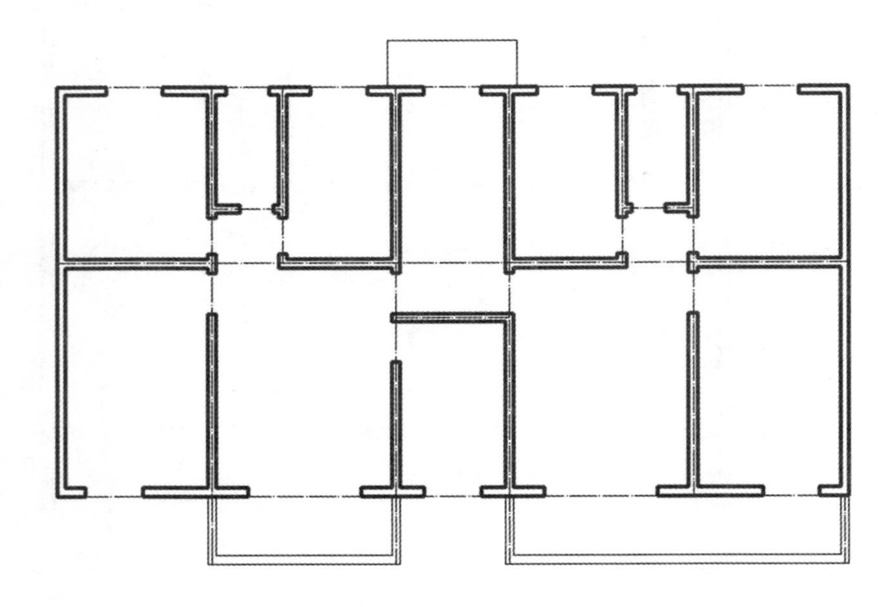

图 4-10　墙体完成图

(4) 选择“格式 | 多样样式”，创建新样式名为“chuang”，设置“多线样式”对话框，添加一个 0.167 图元，一个 −0.167 图元，如图 4-11 所示。

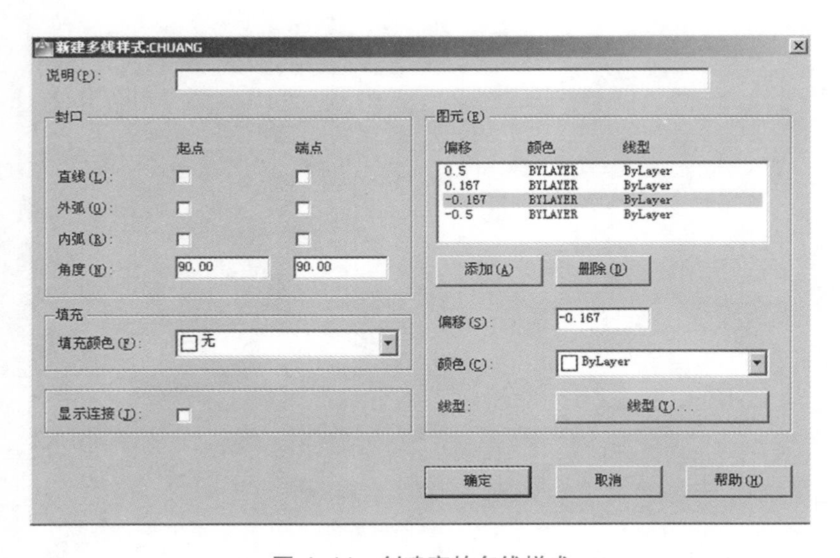

图 4-11　创建窗的多线样式

(5) 切换到图层“门窗”，选择菜单中的“多线（ML）”选项，输入“J”并按回车键，再输入“Z”，指定“对正”为“无”；输入“S”设置“比例”为 180；输入“ST”

设置样式为“chuang”，最后捕捉墙线的中点，完成窗线的绘制，如图 4-12 所示。

（6）设置极轴角 45° 结合“直线（L）”命令，根据图示门宽尺寸绘制门轴线。

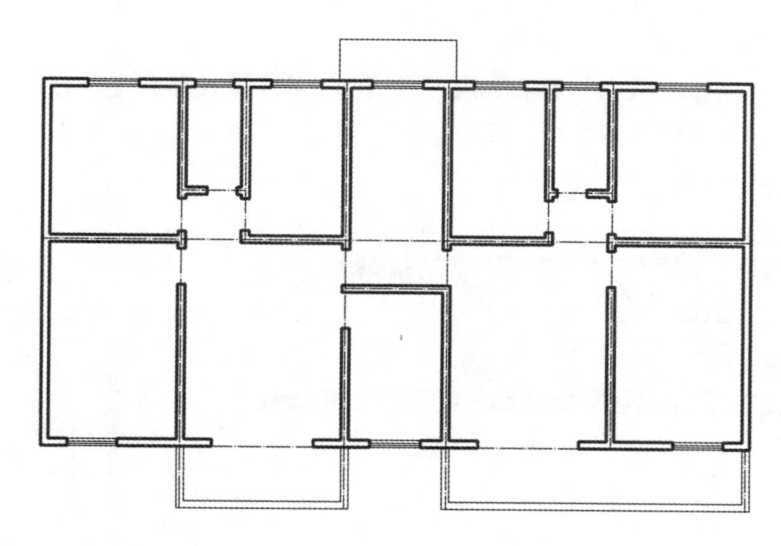

图 4-12 完成窗线的建筑图

5. 绘制楼梯

切换到“楼梯”层，首先利用“直线（L）”命令绘制中间的楼梯扶手和其中一梯段，然后用“偏移（O）”命令偏移各个梯段，最后用“多段线（PL）”命令绘制楼梯上下示意标志，如图 4-13 所示。

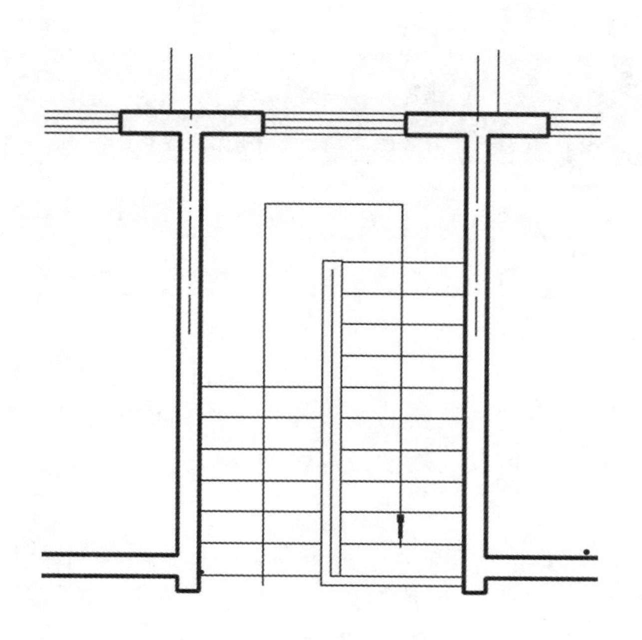

图 4-13 平面图中的楼梯

6. 绘制与编辑多线

多线是指一种由多条平行线组成的组合对象，平行线之间的间距和数目是可以调整的。多线常用于绘制建筑图中的墙体等平行线对象。要绘制满足要求的多线需要分两步：先定义多线样式，然后绘制多线。

（1）使用“多线样式”对话框：执行“格式 | 多线样式”命令，打开“多线样式”对话框，可以根据需要创建多线样式，设置其线条数目和线的拐角方式。该对话框中的各选项如图 4-14 所示。

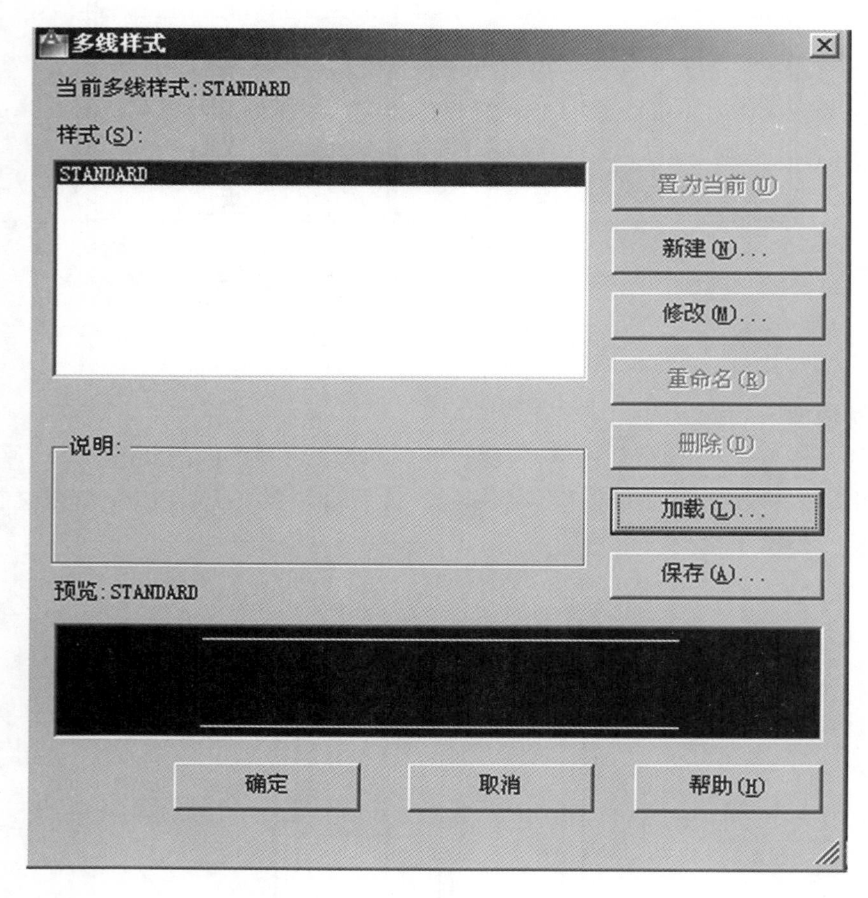

图 4-14 “多线样式”对话框

（2）创建多线样式：在“创建新的多线样式”对话框中单击“继续”按钮，打开“新建多线样式”对话框，可以创建多线样式的封口、填充、图元特性等内容，如图 4-15 所示。

（3）修改多线样式：在“多线样式”对话框中单击“修改”按钮，通过“修改多线样式”对话框中的设置可以修改创建多线样式。“修改多线样式”对话框与“创建新多线样式”对话框中的内容完全相同，可参照创建多线样式的方法对多线样式进行修改。

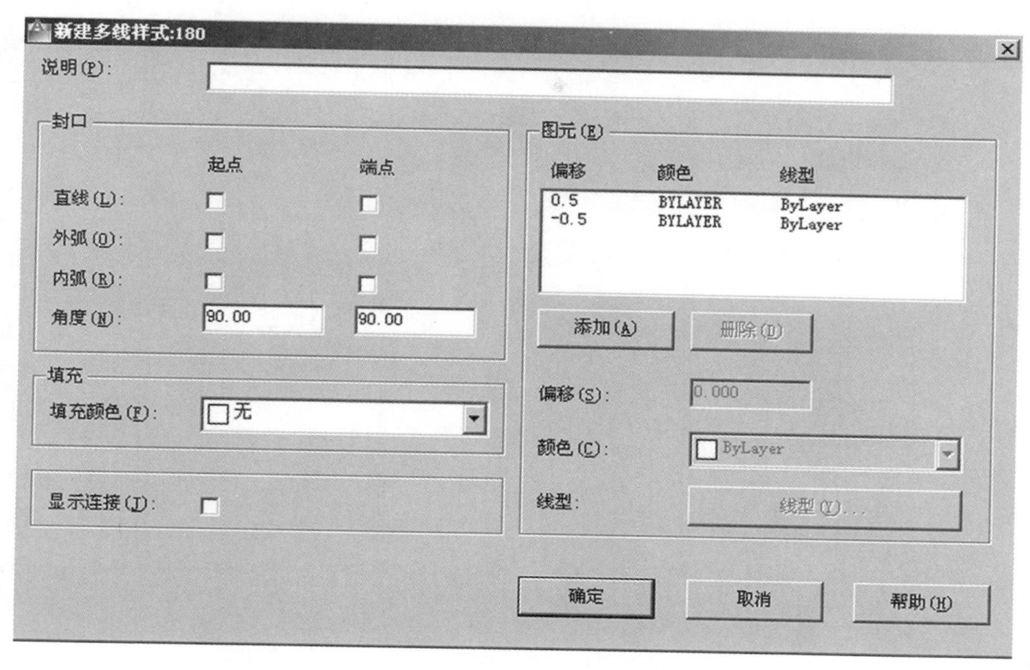

图 4-15 “新建多线样式”对话框

(4) 绘制多线(ML):执行“绘图|多线”命令,即可绘制多线。

1) 对正(J),选“上(T)”时,基准轴线与前进方向上左侧最外偏移线重合;选“无(Z)”时,基准轴线与默认基准轴线重合;选“下(B)”时,基准轴线与前进方向上右侧最外偏移线重合。

2) 比例(S):设置绘制多线时,相对于原定义多线在宽度方向上的缩放比例。

3) 样式(ST):设置当前使用的多线样式,如输入“?”则列出当前可选的所有多线样式。

(5) 编辑多线:执行“修改|对象|多线”命令,打开“多线编辑工具”对话框,可以使用其中的 12 种编辑工具编辑多线。

【任务总结】

1. 通过教师课堂演示讲解,让学生了解多线命令的功能及使用方法。
2. 通过练习,学会定义多线样式、编辑多线。

【任务拓展】

利用任务 3.1 的图层,A3 图幅,比例 1 : 100,绘制如图 4-16 所示的建筑平面图。

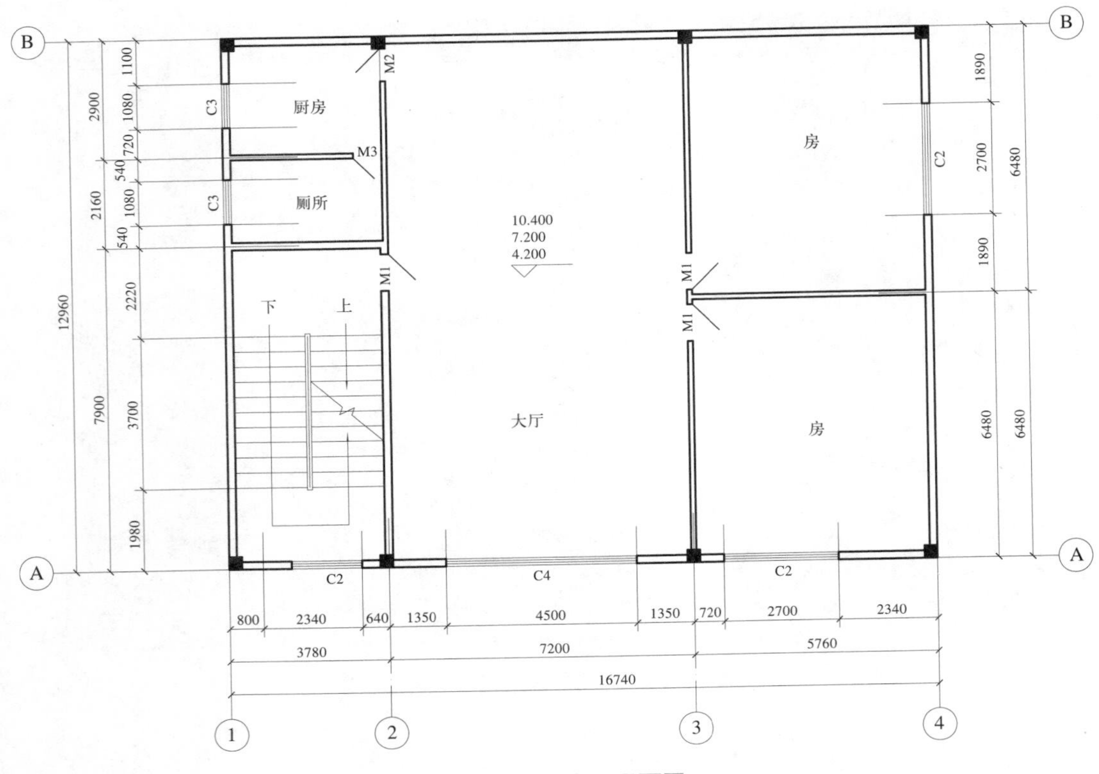

图 4-16 标准层平面图

说明：外墙、梯间墙厚为 180，其余内墙为 120，凡未标明的墙垛均为 120；
柱子截面尺寸为 300×300；M1 门宽为 900；M2 门宽为 800；M3 门宽为 700；楼梯扶手宽度为 60。

任务报告：

任务 4.2 建筑平面图的尺寸标注与文字注写

【任务内容】

1. 熟悉建筑尺寸标注、文字注写规范。

2. 熟练使用 AutoCAD 文字注写。
3. 会用 AutoCAD 标注不同类型的尺寸。
4. 会用 AutoCAD 对文字与标注进行编辑。

【任务分析】

1. 熟练使用已学绘图和编辑命令。
2. 熟练掌握文字样式的设置与文字的注写。
3. 具备基本的尺寸标注技能。

【任务实施】

1. 文字注写

（1）打开任务 4.1 中的图形文件，选择“格式 | 文字样式（ST）”，勾选使用大字体，SHX 字体设置为 gbenor.shx，大字体为 gbcbig.shx，宽度因子为 0.7，其余设置不变，如图 4-17 所示；若在文字样式里填写高度，应参照图 4-18 所示的长仿体汉字高宽表。

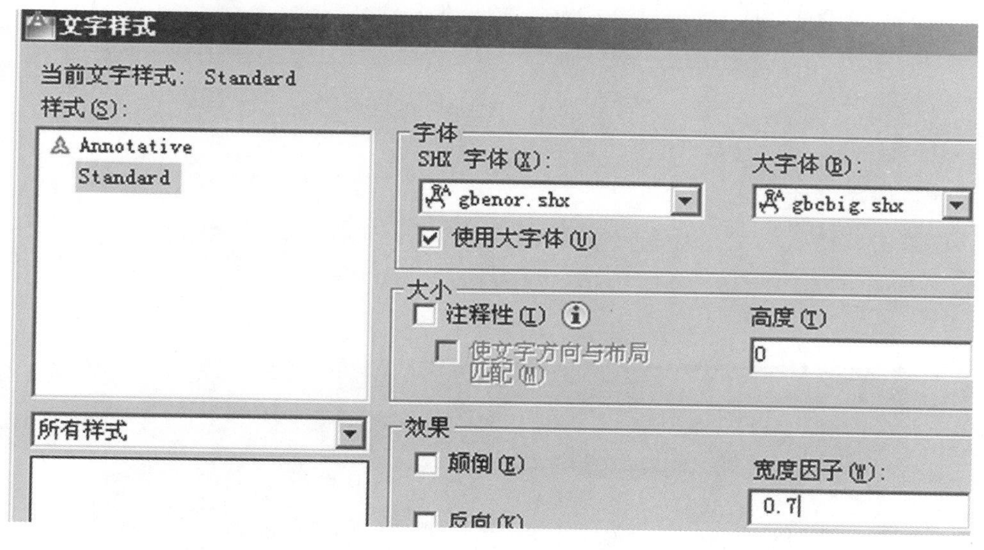

图 4-17 “文字样式”对话框

字高 /mm	20	14	10	7	5	3.5
字宽 /mm	14	10	7	5	3.5	2.5

图 4-18 长仿体汉字高宽表

（2）将图层切换到“标注”图层，用单行文字（DT）或多行文字（T）命令注写文字，本例中设置各功能用房文字高度为500，门窗代号为250，如图4-1所示完成文字的注写，注写完成后如图4-19所示。

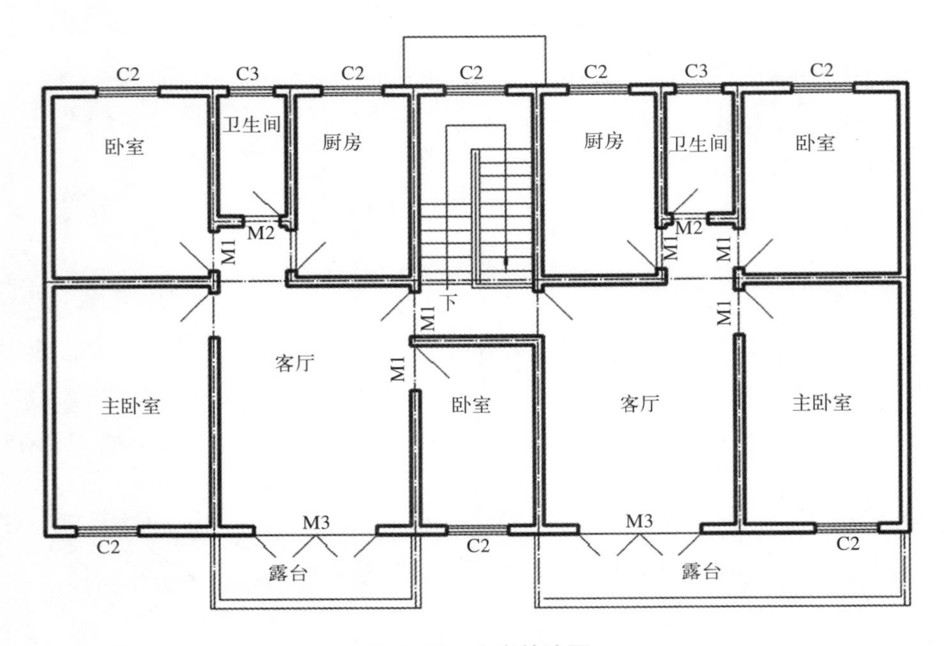

图4-19　文字的注写

2. 创建标注样式

（1）单击“格式”菜单中的“标注样式（D）”，创建标注样式，样式名为“100”，如图4-20所示。

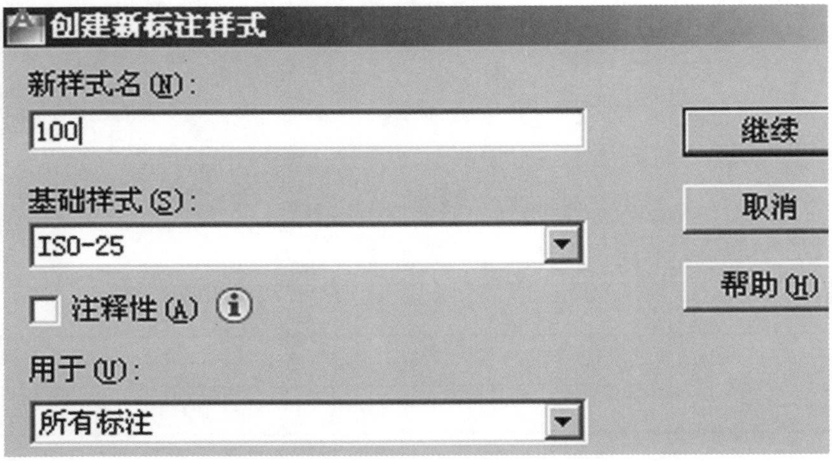

创建新标注样式
新样式名(N):
100
继续
基础样式(S):
ISO-25
取消
注释性(A)
帮助(H)
用于(U):
所有标注

图4-20　创建标注样式

（2）设置“线”选项卡中的“基线间距”为 8，“超出尺寸线”为 2，“起点偏移量”为 3，其余设置不变，如图 4-21 所示。

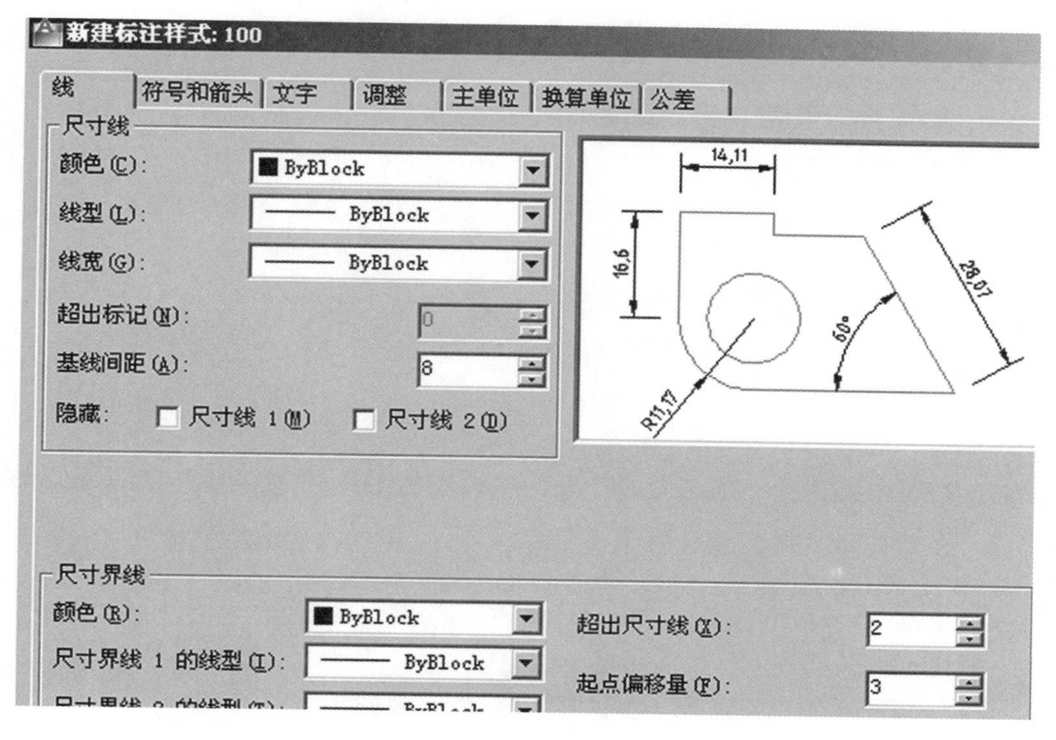

4-21 “线”选项卡

（3）设置“符号和箭头”选项卡中的“箭头”为建筑标记，“箭头大小”为 2.5，如图 4-22 所示。

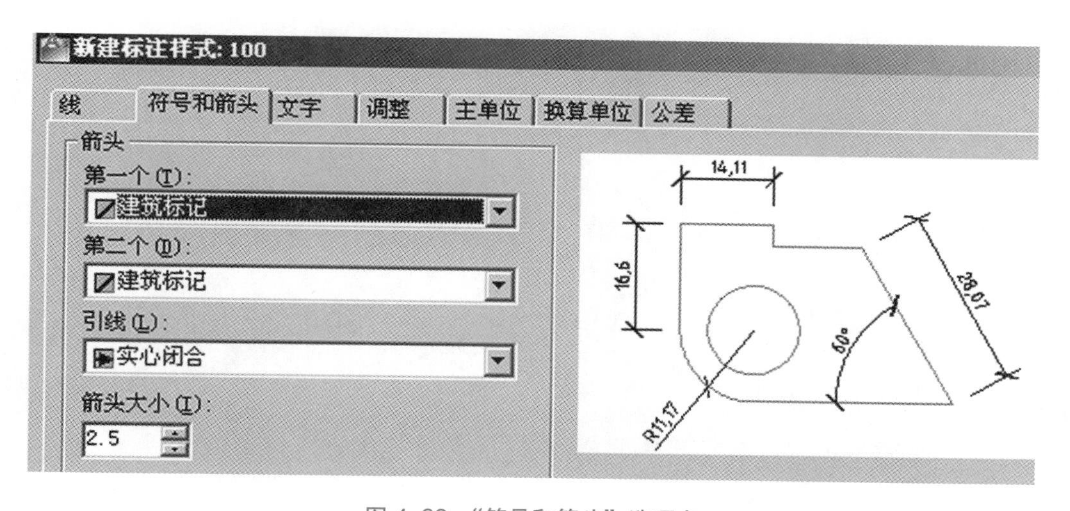

图 4-22 “符号和箭头”选项卡

（4）设置“文字”选项卡中的参数，如图 4-23 所示。

（5）设置“调整”选项卡中的“使用全局比例”为 100，“文字位置”为尺寸线上方，不带引线，如图 4-24 所示。

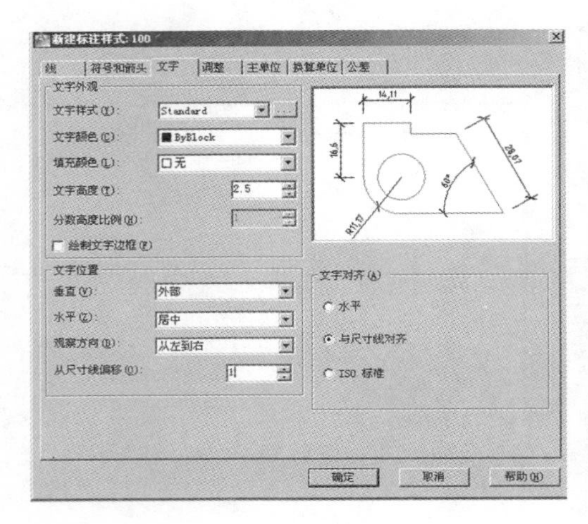

图 4-23 “文字”选项卡

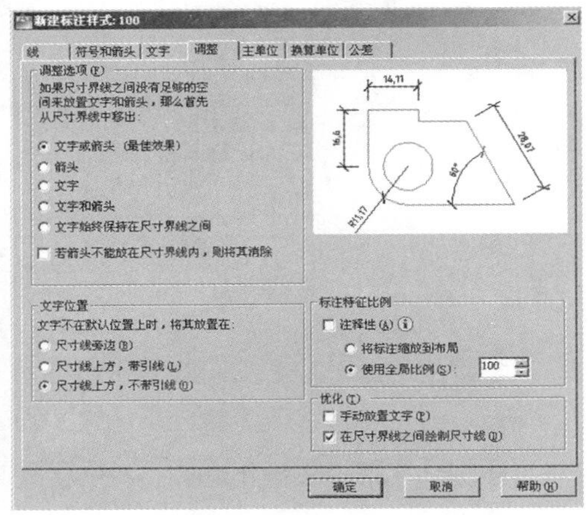

图 4-24 “调整”选项卡

（6）设置“主单位”选项卡中的“单位格式”为小数，“精度”为 0，如图 4-25 所示。

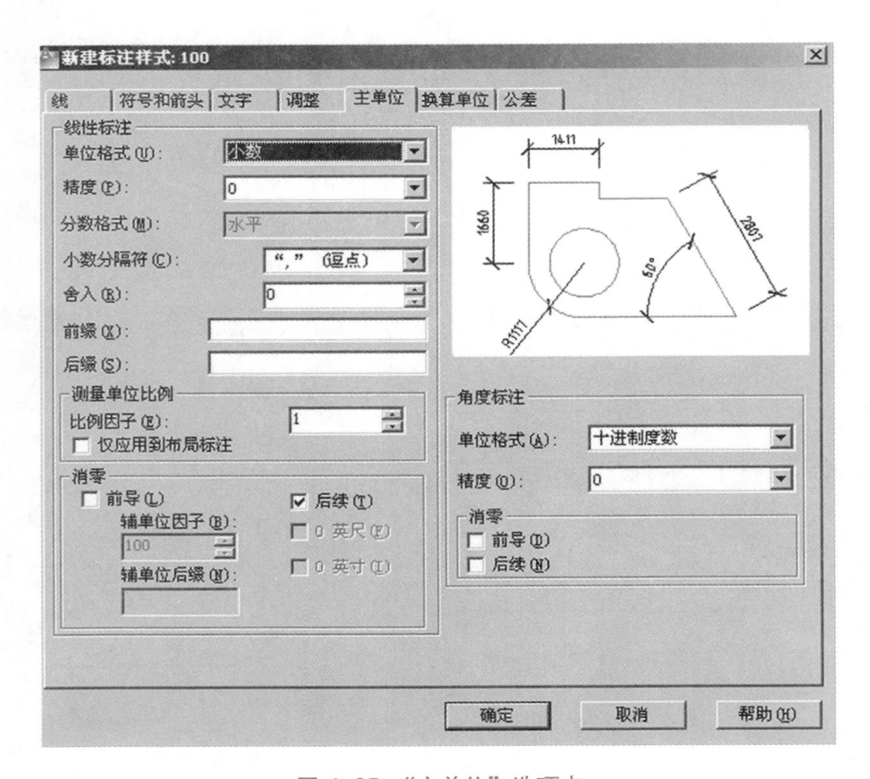

图 4-25 “主单位”选项卡

3. 标注尺寸

（1）操作步骤

1）单击“标注”菜单中的“线性”或单击“标注工具栏”中的“线性（L）”，标注水平尺寸 620。

2）单击“标注”菜单中的“连续（C）”，标注其余水平尺寸（提示：对于平面图上多个连续的标注尺寸，可先用“线性”标注第一个尺寸，然后使用“连续”完成其他尺寸的标注），如图 4-26 所示。

3）按上述相同方法，完成其余水平尺寸和垂直尺寸的标注。

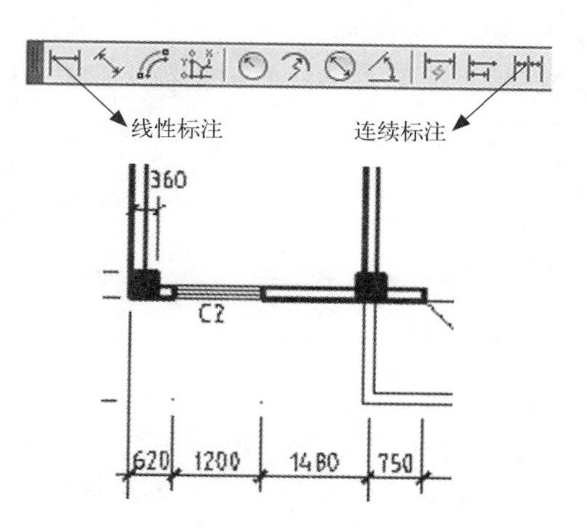

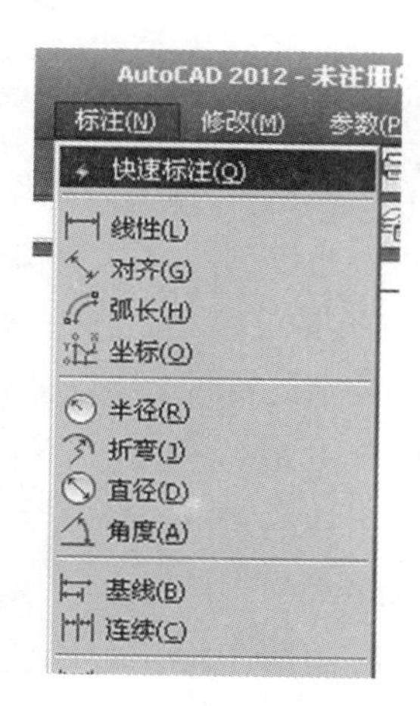

图 4-26　尺寸标注

（2）尺寸标注的组成

一个完整的尺寸由尺寸线、尺寸界线、尺寸箭头、尺寸数字四部分组成，如图 4-27 所示。

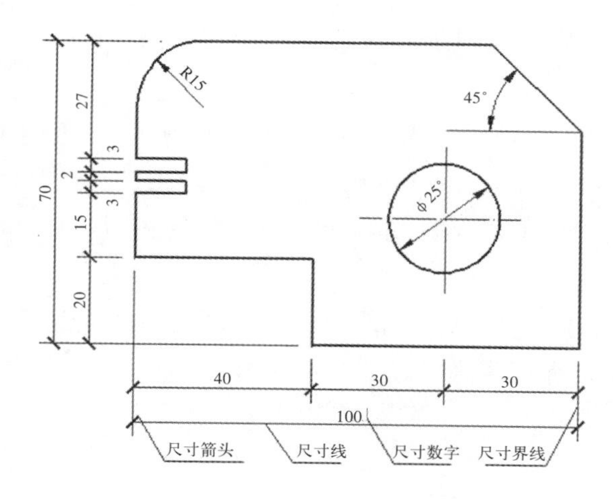

图 4-27　尺寸标注中的各组成部分

1）尺寸线

尺寸线一般是一条线段或一条弧线。尺寸线应与被标注长度平行，且不宜超出尺寸界线。当有两条以上互相平行的尺寸线时，尺寸线间距应一致，约为 7 ～ 10mm，尺寸线与图形轮廓线之间的距离一般不小于 10mm。

2）尺寸界线

确定标注尺寸的起始和终止的界线。一般应与被标注长度垂直，其一端应离开图形轮廓线不小于 2mm，另一端宜超出尺寸线 2 ～ 3 mm。

3）尺寸箭头

尺寸箭头又称为尺寸起止符号，标注在尺寸线的两端，标记着尺寸线的起止位置和尺寸线相对于图形实体的位置。AutoCAD 提供了多种多样的起止符号形式，在工程制图中通常习惯以长度为 2~3 mm 的中粗斜短线绘制起止符号，半径、直径、角度则宜用长度为 3 ～ 4 mm 的箭头为起止符号。

4）尺寸数字

尺寸数字是标注图形实体尺寸大小的一个字符串。尺寸数字应注写在尺寸线的上方中部，如尺寸界线内放不下尺寸数字时，最外边的尺寸数字可以注写在尺寸界线的外侧，中间相邻的尺寸数字可以错开注写。

在 AutoCAD 中尺寸线、尺寸界线、尺寸箭头、尺寸数字四部分构成一个整体，以块的形式在图形中标出，因此可以认为一个尺寸就是一个对象，如果拉伸该尺寸，则拉伸后的尺寸文本将自动发生相应的变化。

在 AutoCAD 2012 中，对图形进行尺寸标注的基本步骤如下：

1）创建有一个独立的图层，用于尺寸标注。

2）创建一种文字样式，用于尺寸标注。

3）执行“格式 / 标注样式”命令，在打开的“标注样式管理器”对话框中设置样式。

4）使用对象捕捉和标注等功能，对图形中的元素进行标注。

（3）创建标注样式

在 AutoCAD 2012 中，使用“标注样式”可以控制标注的格式和外观，执行绘图标准，并有利于对标注格式及用途进行修改。要创建标注样式，执行“格式 / 标注样式”命令，打开“标注样式管理器”对话框，单击“新建”按钮，在打开的“创建新标注样式”对话框即可创建新标注样式，如图 4-28 所示。

单击继续按钮，系统打开如图 4-29 所示的“新建标注样式”对话框，用户可利用该对话框为新创建的尺寸标注样式设置线、符号和箭头、文字、调整、主单位等的特征参数。

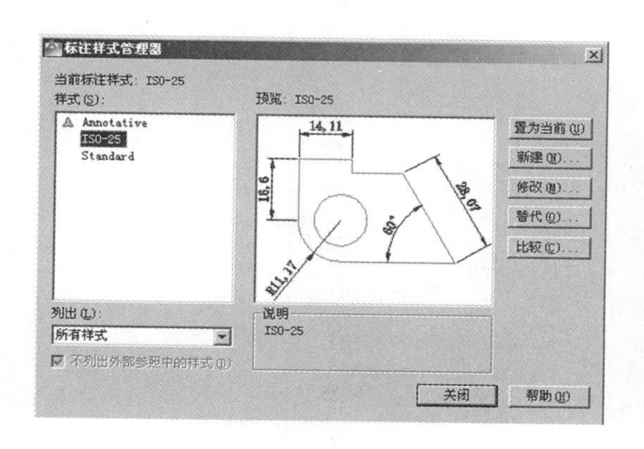

(a)

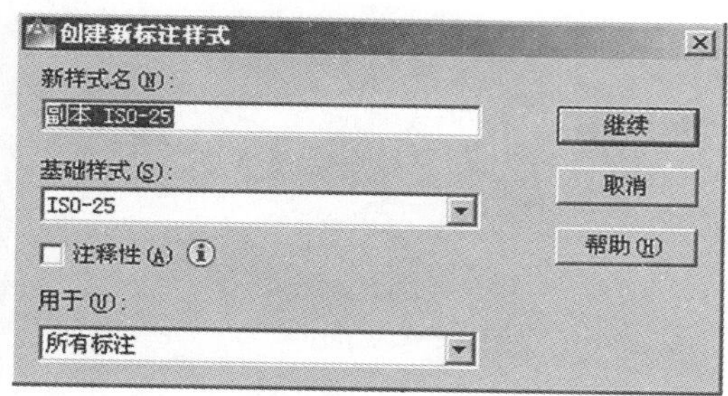

(b)

图 4-28 “创建新标注样式”对话框

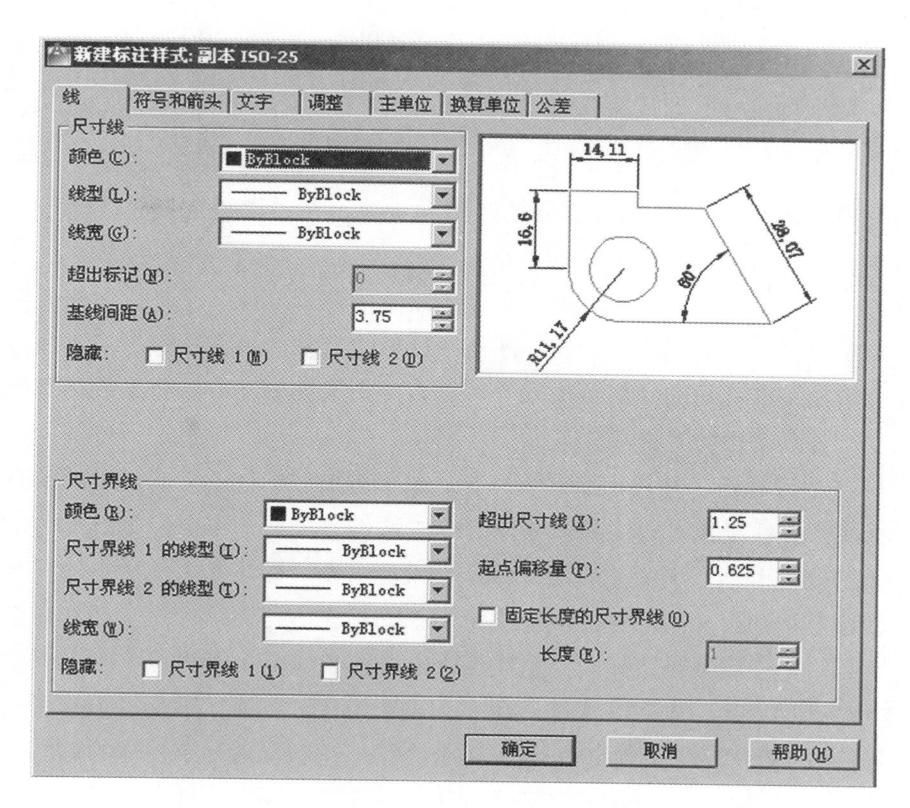

图 4-29 “新建标注样式”对话框

（4）尺寸标注的类型

AutoCAD 提供了多种尺寸标注的类型，包括线性标注、对齐标注、坐标标注、半径标注、直径标注、角度标注、基线标注、连续标注和引线标注。如图 4-30 所示为几种常用的尺寸标注类型。

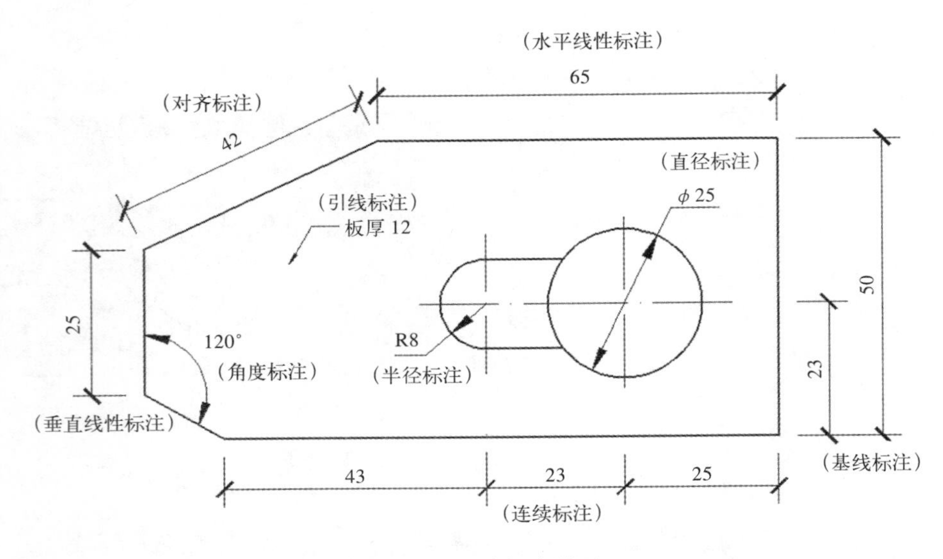

图 4-30 尺寸标注类型

1）线性标注：执行“标注 | 线性”命令，或单击在“标注”的“线性”按钮，可创建用于标注坐标系 xy 平面中两点之间的距离测量值，并通过指定点或选择一个对象来实现。

2）对齐标注：执行“标注 | 对齐”命令，或单击在“标注”工具栏上的“对齐”按钮，可以对对象进行对齐标注。对齐标注是线性标注尺寸的一种特殊形式。在对直线段进行标注时，如果该直线的倾斜角度未知，那么使用线性标注方法将无法得到准确的测量结果，这时可以使用对齐标注。

3）弧长标注：执行“标注 | 弧长”命令，或单击在“标注”工具栏上的“弧长”按钮，可以标注圆弧线段或多段线圆弧线段部分的弧长。

4）基线标注：执行“标注 | 基线”命令，或单击在“标注”工具栏上的“基线”按钮，可以创建一系列由相同的标注原点测量出来的标注。与连续标注一样，在进行基线标注之前也必须先创建（或选择）一个线性、坐标或角度标注作为基准标注。

5）连续标注：执行“标注 | 连续”命令，或单击在“标注”工具栏上的“连续”按钮，可以创建一系列端对端放置的标注，每个连续标注都从前一个标注的第二个尺寸界线处开始。在进行连续标注之前，必须先创建（或选择）一个线性、坐标或角度标注作为基准标注，以确定连续标注所需要的前一尺寸标注的尺寸界线。

6）半径标注：执行“标注 | 半径”命令，或单击在“标注”工具栏上的“半径”按钮，可以标注圆和圆弧的半径。

7）折弯标注：执行“标注 | 折弯”命令，或单击在“标注”工具栏上的“折弯”按钮，可以折弯标注圆和圆弧的半径。

8）直径标注：执行“标注 | 直径”命令，或单击在“标注”工具栏上的“直径标

注”按钮可以标注圆和圆弧的直径。

9）圆心标注：执行“标注 | 圆心标记”命令，或单击在“标注”工具栏上的“圆心标记”按钮，即可标注圆和圆弧的圆心。只需要选择待标注其圆心的圆弧或圆即可。

10）角度标注：执行“标注 | 角度”命令，或单击在“标注”工具栏上的“角度”按钮可以测量圆和圆弧的角度、两条直线间的角度，或者三点间的角度。

11）引线标注：执行“标注 | 引线”命令，或单击在“标注”工具栏上的“快速引线”按钮，可以创建引线和注释，引线和注释可以有多种格式。

12）快速标注：执行“标注 | 快速标注”命令，或单击在“标注”工具栏上的“快速标注”按钮，可以快速创建成组的基线、连续、阶梯和坐标标注，快速标注多个圆、圆弧以及编辑现有标注的布局。

（5）编辑标注对象

在 AutoCAD 2012 中，可以对已标注对象的文字、位置及样式等内容进行修改，而不必删除所标注的尺寸对象再重新进行标注。

1）编辑标注：在“标注”工具栏上，单击“编辑标注”按钮，即可编辑已有标注的标注文字内容和放置位置。

2）编辑标注文字的位置：执行“标注 | 对齐文字”子菜单中的命令，或单击在“标注”工具栏上的“编辑标注文字”按钮，都可以修改尺寸的文字位置。

3）替代标注：执行“标注 | 替代”命令，可以临时修改尺寸标注的系统变量设置，并按该设置修改尺寸标注。该操作只对指定的尺寸对象作修改，并且修改后不影响原系统的变量设置。

4）更新标注：执行“标注 | 更新”命令，或单击在“标注”工具栏上的“标注更新”按钮都可以更新标注，使其采用当前的标注样式。

5）尺寸关联：尺寸关联是指所标注尺寸与被标注对象有关联关系。如果标注的尺寸值是按自动测量值标注，且尺寸标注是按尺寸关联模式标注的，那么改变被标注对象的大小后相应的标注尺寸也将发生改变，即尺寸界线、尺寸线的位置都将改变到相应新位置，尺寸值也改变成新测量值；反之，改变尺寸界线起始点的位置，尺寸值也会发生相应的变化。

（6）特殊符号的输入

在 AutoCAD 中表示直径的“ϕ”、表示地平面的“±”、标注度符号“°”可以用控制码 % %C、%%P、%%D 来输入，但是这些符号不容易记，而且在绘图时可能还要输入其他符号。其实在 AutoCAD 2012 中可以通过“字符映射表”来输入特殊字符，具体步骤如下：

1）输入“多行文字”命令，然后指定角点建立一个文本框，系统打开“文字格式”对话框，在这个对话框中，可以看到右侧四个按钮中有一个“符号”按钮，如图 4-31 所示。

图 4-31 “文字格式”对话框

2）单击“符号”按钮，打开一个下拉列表，可以看到有“度数”、“正／负”、“直径”、“不间断空格”、“其他”等几个选项。选择前三个中的某一选项即可直接输入“°”、“±”、“ф”符号，这样就免去了记不住特殊字符的麻烦，如图 4-32 所示。

3）单击“其他”时，会打开“字符映射表”对话框，该对话框包含更多符号可供选用，其当前内容取决于在“字体”下拉列表中选择的字体，如图 4-33 所示。

4）“字符映射表”对话框中，选择要使用的字符，然后双击被选取的字符或单击“选择”按钮，再单击“复制”按钮，将字符拷贝到剪贴板上，点击“关闭”返回原来的对话框，将光标放置在要插入字符的位置，用“Ctrl+V”就可将字符从剪贴板上粘贴到当前窗口中。

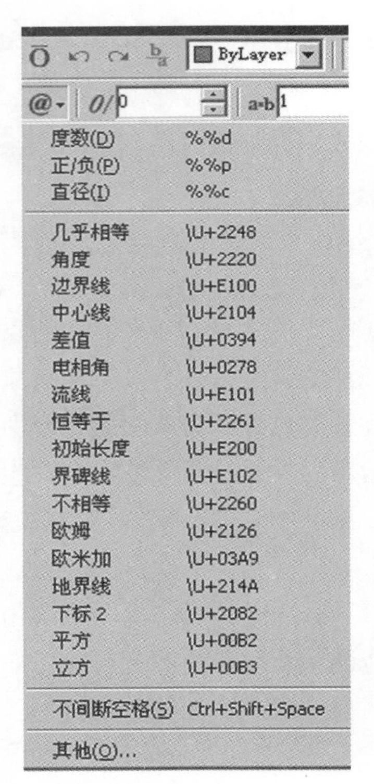

图 4-32 “字符”下拉列表

图 4-33 “字符映射表”对话框

【任务总结】

1. 通过教师课堂演示讲解，让学生掌握文字注写及各种标注参数的设置和编辑标注。

2. 通过练习，能够熟练掌握各种尺寸标注方法的使用及特殊符号的输入，提高绘图速度。

【任务拓展】

1. 按尺寸绘制如图 4-34 所示的几何图形，并标注尺寸。

2. A3 图幅，绘图比例 1 ： 100，抄绘如图 4-35 所示的建筑平面图。

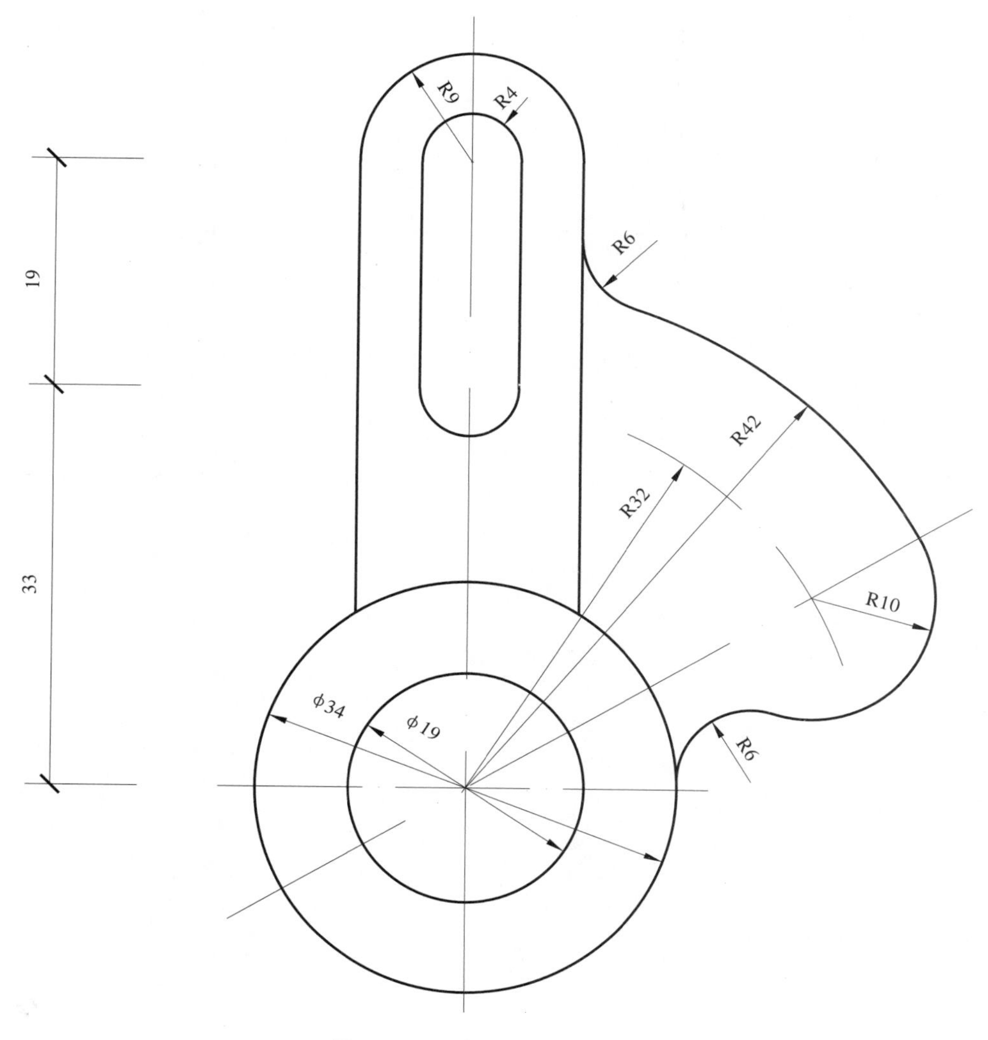

图 4-34　几何图形的尺寸标注

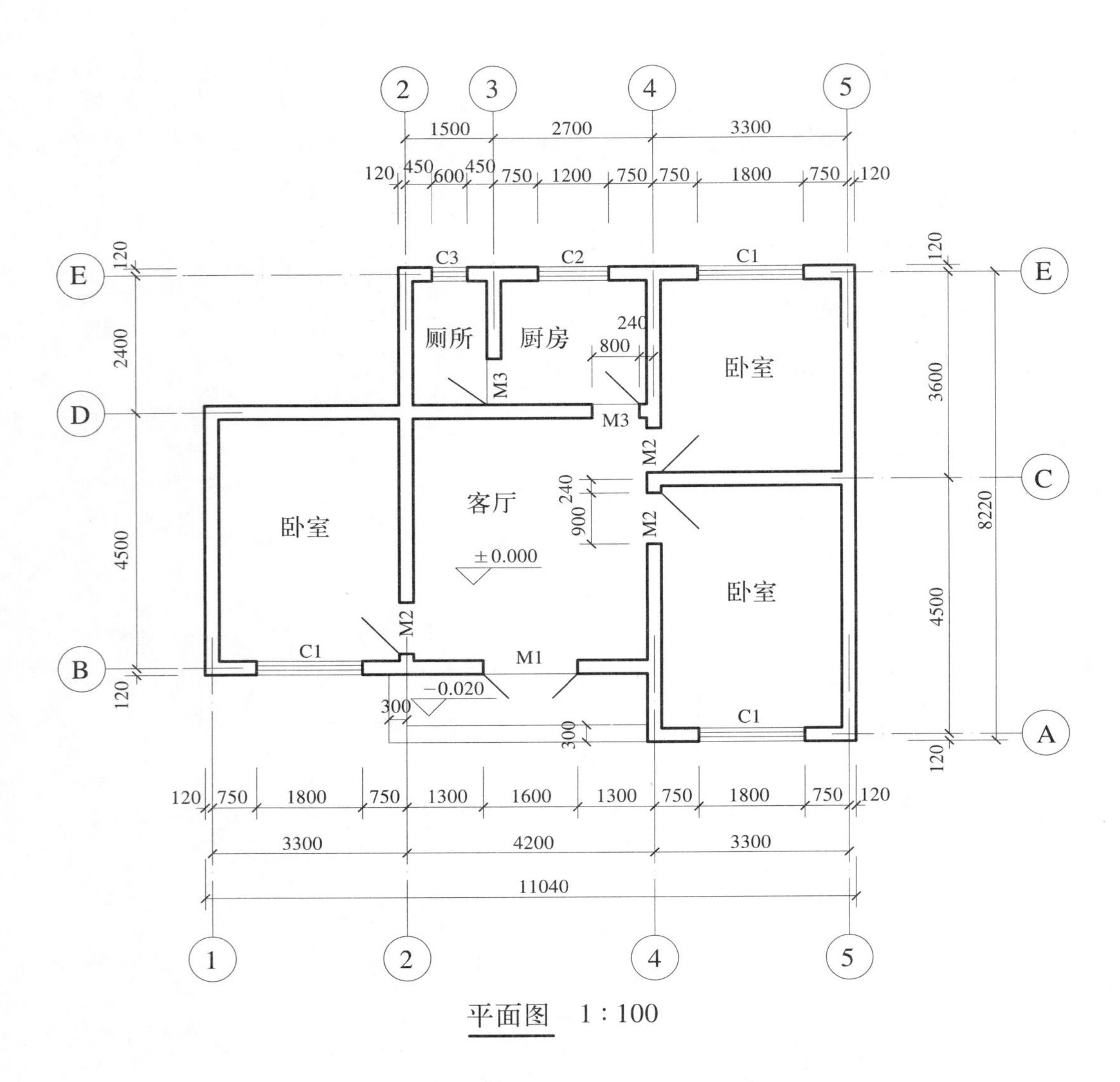

图 4-35 建筑平面图

任务报告：

项目 5

建筑立面图的绘制

【项目描述】

建筑物是否美观，很大程度上取决于它在主要立面上的艺术处理，包括造型与装修是否优美。在初步设计阶段中，立面图主要是用来研究这种艺术处理的。在施工图中，它主要反映房屋的外貌、门窗形式和位置、墙面的装饰材料、做法及色彩等。

在平行于建筑物立面的投影面上所作建筑物的正投影图，称为建筑立面图，简称立面图。立面图的命名，可以根据建筑物主要入口或比较显著地反映出建筑物外貌特征的那一面为正立面图，其余的立面图相应地称为背立面图，左侧立面图，右侧立面图。但通常是根据房屋的朝向来命名，如南立面图、北立面图、东立面图和西立面图。还可以根据立面图两端轴线的编号来命名，如①～④立面图、④～①立面图、Ⓐ～Ⓒ立面图和Ⓒ～Ⓐ立面图等。

【任务内容】

根据项目 4 中已绘制的建筑平面图，绘制如图 5-1 所示建筑立面图。

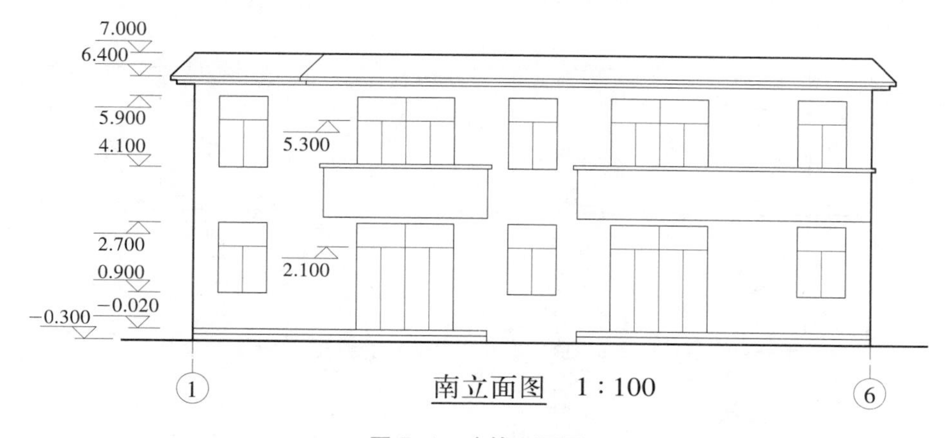

图 5-1　建筑立面图

【任务分析】

1. 熟悉建筑立面图的基本知识。
2. 熟练使用 AutoCAD 带有属性的块定义和块插入。
3. 会用 AutoCAD 绘制建筑立面图。
4. 会用 AutoCAD 绘制带有属性的标高符号图形块。

【任务实施】

1. 绘制地坪线、定位轴线与层高线

在房屋建筑图中，建筑平面图与建筑立面图的关系，与三面投影图中俯视图和主视图之间的“长对正”关系相同。因此，在建筑平面图绘制完成后，可以利用建筑平面图与建筑立面图的对应关系，对建筑立面图进行定位。

通过“长对正”的投影关系，我们可以从已经绘制完成的建筑平面图上直接确定建筑立面图的定位轴线、门窗位置、阳台位置等。不仅方便了绘图步骤，更保证了绘图的精确性（图 5-2）。

绘制建筑立面图前，应当分析建筑立面图的轮廓，了解建筑物立面的形状，以及立面上可能出现的屋檐、台阶和阳台等细部构造。通过对建筑立面图的主次关系和主要定位线有了初步的分析之后，再开始绘制建筑立面图。

（1）在原有的图层的基础上，建立新的图层，图层名称为“地坪”，线宽为粗实线的 1.4 倍，即特粗实线。设置完成后如图 5-3 所示。

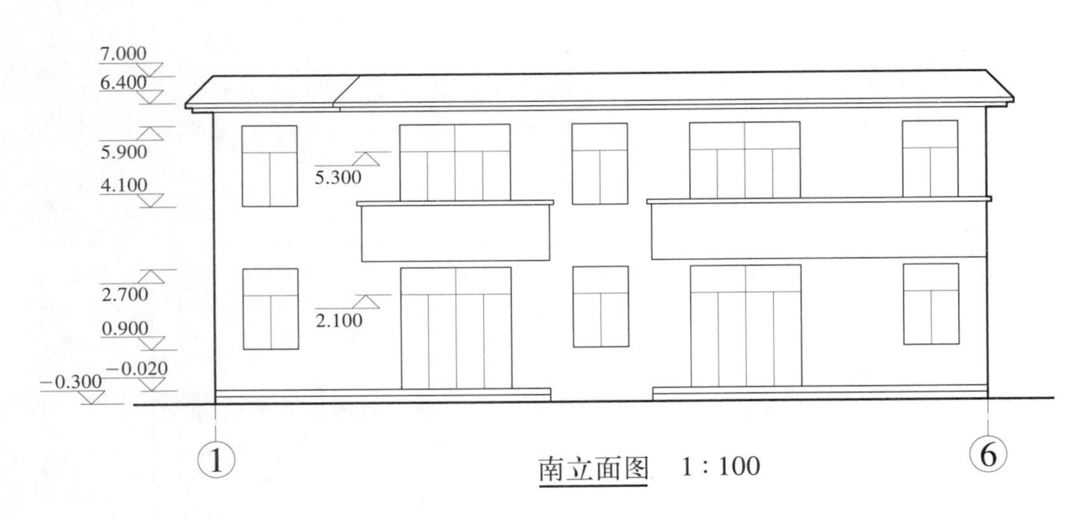

图 5-2 立面图以平面图为定位基础（1）

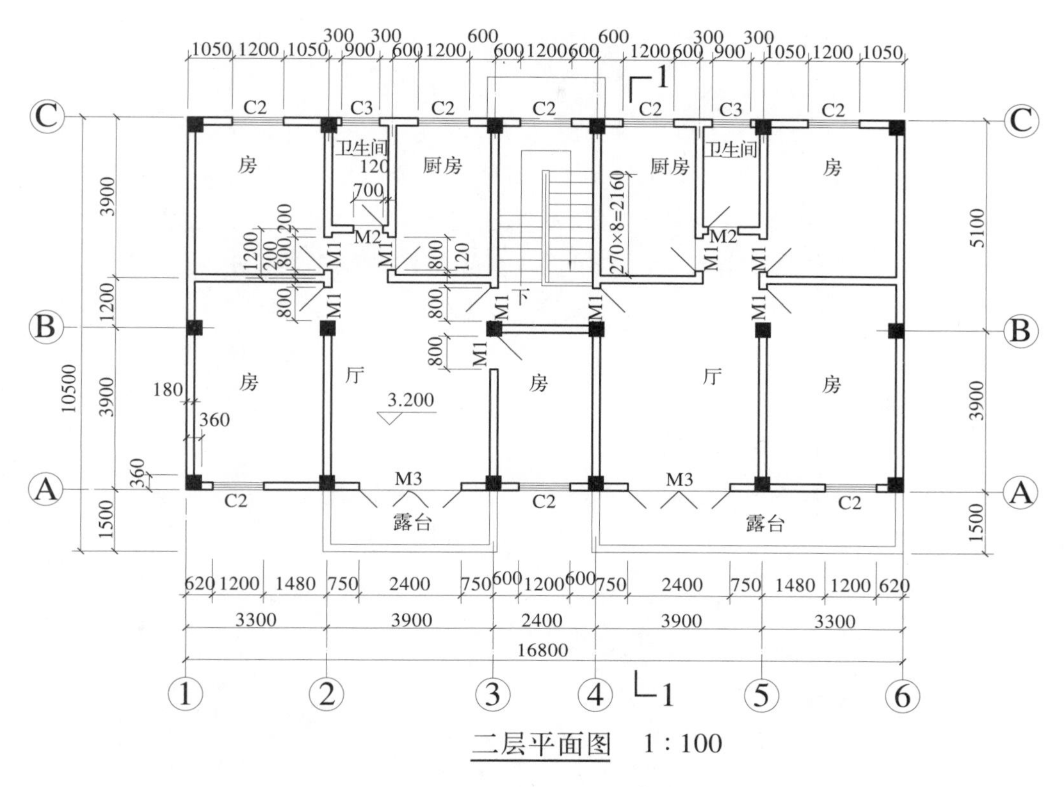

图 5-2　立面图以平面图为定位基础（2）

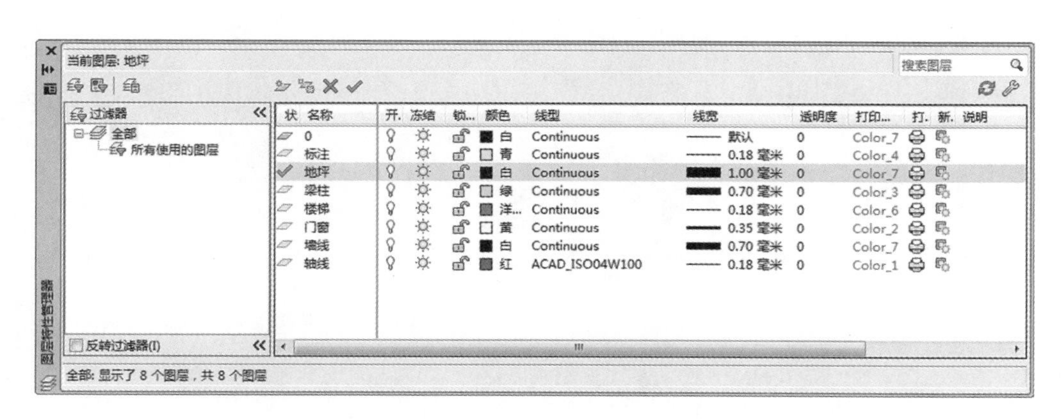

图 5-3　设置“地坪”图层

（2）将新建的“地坪”图层设为当前图层，在已绘制完成的建筑平面图的上方取适当位置，执行“直线”命令，绘制一道水平的建筑立面图地坪线。地坪线可超出建筑物的水平范围。

（3）选择“轴线”图层为当前图层，从建筑平面图的①号轴线和⑥号轴线，直接用“直线”命令作辅助线到地坪线以上 7000 的位置，为建筑立面图确定①号轴线与⑥号轴线的位置。在作辅助线的时候，可以先利用对象捕捉，将辅助线绘制到与地坪线垂直的状态，再从垂点继续向上绘制 7000 长的辅助线。

（4）根据图中的标高，将已经绘制完成的水平的地坪线向上进行复制或者偏移。需要注意的是，若采用一次连续的“复制”命令，则指定位移距离分别为 3000、6700 和 7300；若采用“偏移”命令，则每次执行“偏移”命令后分别设偏移距离为 3000、3700 和 600。通过指定的距离，绘制出楼面、屋檐、屋顶等定位辅助线的位置。

（5）已经复制或偏移出的楼面、屋檐、屋顶等定位辅助线此时的图层状态为“地坪”图层。将这些定位线选定，在“图层”下拉菜单中选择“轴线”图层，将其的图层特性由“地坪”改为“轴线”。如果各个定位轴线之间不能够做到线段相交，则需要通过线型管理器来调整。

1）菜单栏中选择：“格式|线型”。

2）在命令行中输入 linetype 或命令缩写 LT。

执行命令后，弹出“线型管理器”对话框，如图 5-4 所示。

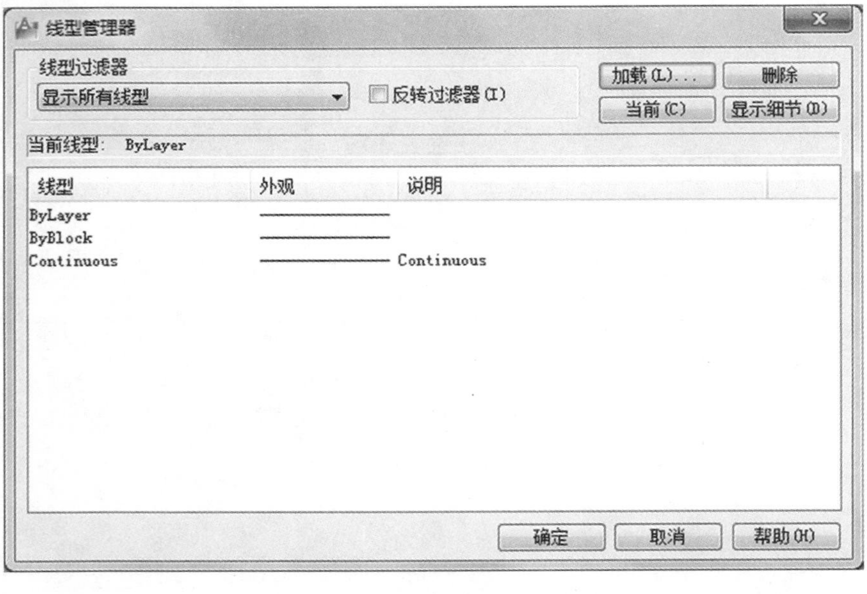

图 5-4 “线型管理器”对话框

在线型管理器中，可以查看和管理线型列表中的所有线型。点击“显示细节”后，还可以查看当前对象的比例和全局比例因子。对于线型的比例，系统的初始线型比例因子为 1。对“全局比例因子”进行调整，则该线型调整后的比例会一直保持，直到下次调整。

比例因子随绘图环境的设置不同而不同，用户可自己调试。当图形的绘图比例为 1 : 100 时，“全局比例因子”取 100 ～ 30 较为合适。设全局比例因子为 50，调整后点击确定，则定位轴线变为调整后的效果。

绘制完成后的效果如图 5-5 所示。

图 5-5　绘制地坪线、定位轴线与层高线

2. 绘制轮廓线、外墙边线、屋檐与屋顶线

（1）将“墙线”图层设为当前图层，并执行“直线”命令，通过建筑平面图左右两侧外墙边线向上作辅助线，可以直接确定建筑立面图的外墙边线位置。注意外墙边线绘制时所使用的图层为粗实线图层，不要忘记随时根据绘制的内容而调整当前图层。

（2）利用上一步绘制完成的楼面、屋檐、屋顶等定位辅助线，确定屋檐屋顶线的位置。

（3）使用“修剪”命令和“夹点编辑”命令，整理外墙边线与屋檐屋顶线的连接处，作出完整的轮廓线，注意该部分轮廓线可全部采用“墙线”图层来绘制。

整理完毕后的效果如图 5-6 所示。

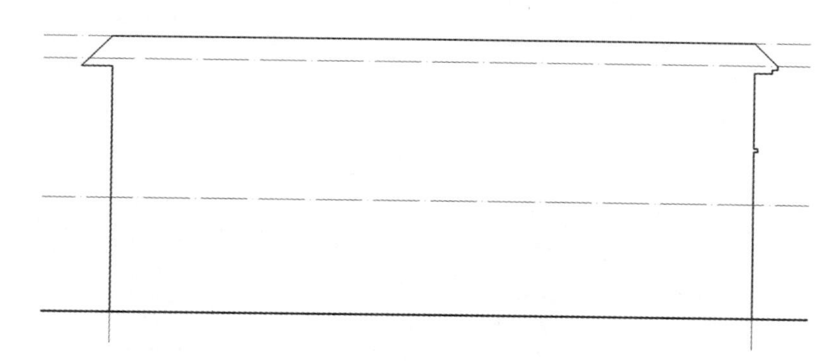

图 5-6　绘制轮廓线、外墙边线、屋檐与屋顶线

3. 绘制门窗、台阶、阳台等建筑物构件可见轮廓

（1）选择“门窗”图层作为当前图层，继续利用建筑平面图下方的门窗边线向上作各个门窗的定位辅助线，可以直接确定建筑立面图的门窗洞口以及阳台的左右边线位置。

（2）根据标高标注的数值，确定门窗洞口的上下边线位置以及阳台栏杆扶手的高度等。在这些位置同样绘制出定位的辅助线。

（3）按照建筑平面图中台阶的宽度和位置，以及立面图中的台阶标高，即 −0.020，以及室外地坪线标高 −0.300，绘制立面图中一层与室外地坪相接处的台阶的可见轮廓线。需要注意的是，建筑立面图当中的台阶可见轮廓线应当使用中实线绘制。

（4）通过“修剪”命令整理各种门、窗、阳台栏杆扶手、室外台阶等可见构件的上下边线和左右边线，绘制出完整的门窗、台阶、阳台等可见轮廓。

整理完毕后，如图 5-7 所示。

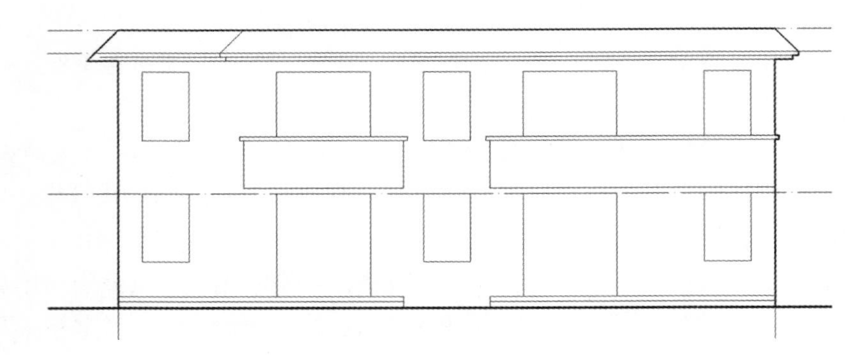

图 5-7　绘制门窗、台阶、阳台等建筑物构件可见轮廓

4. 绘制门窗内分隔线等建筑物细部可见细实线

门窗内部的分隔线，一般在建筑立面图中没有尺寸标注，可依照给定的图样绘制。一般门窗分隔线从中轴线开始分隔。门窗内的分隔线，可使用“门窗”图层的细实线来绘制。

绘制完毕后，如图 5-8 所示。

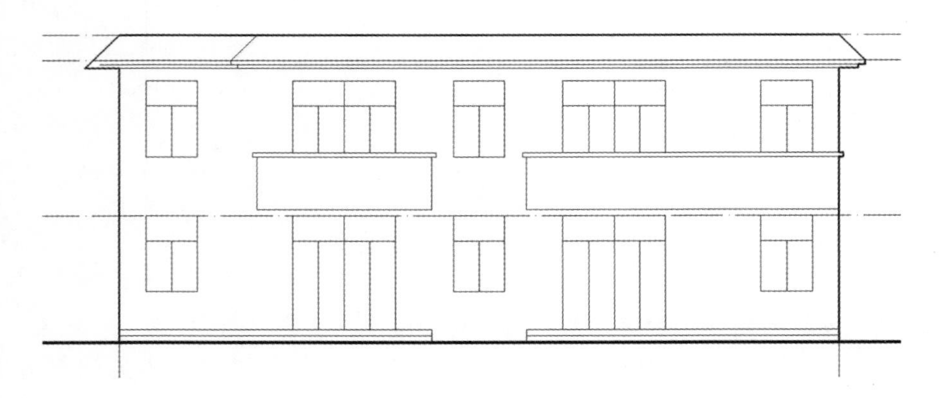

图 5-8　绘制门窗内分隔线等建筑物细部可见细实线

5. 绘制标高标注、轴线轴号、图名等

建筑立面图中的轴线轴号、图名、标高符号等，均可从已经绘制完成的建筑平面图

中进行复制和编辑，从而节约绘图的时间，减少绘图工作量。

标高符号用来表示房屋建筑图内某一点的高度情况，在建筑平面图、建筑立面图、建筑剖面图中均有使用。其中在建筑平面图中，主要为表示地坪的相对高度。

在建筑工程图中，我们常以房屋的底层室内地面作为零点标高，注写形式为：±0.000；零点标高以上为“正”，标高数字前不必注写“+”号，如 3.200；零点标高以下为“负”，标高数字前必须加注“－”号，如－0.600。

标高符号应当使用细实线进行绘制。标高符号的引线应取适当的长度，标高数字注写在标高符号左侧或右侧的引线上，单位为“m”，并且需要注写到小数点后三位。

轴线轴号是在线的端部画一细实线圆，直径为 8 ～ 10 mm。圆内注写编号，圆心应当处在定位轴线的延长线上或者延长线的折线上。

对于标高符号，我们可以利用带有属性的块来插入新块。轴线轴号同样也可以使用带有属性的块的方法。

（1）图形块概述

在绘制图纸的过程中，某些符号会经常重复地使用到，例如标高符号、定位轴线和轴号、家具、卫生洁具等。在绘图中如果反复地绘制这些图形，会大量地增加绘图的工作量和工作时间，同时也会增加图形文件保存占用的储存空间，以及绘图过程中计算机对图形的即时演算。为了对重复的工作进行简化，AutoCAD 为我们提供了图形块的功能。

图形块功能可以将一个已经绘制完成的图形简单地组合在一起，定义为一个块，并且为这个块进行命名，然后储存在计算机中。在以后需要再次使用该图形时，就能够直接调用并插入块，达到方便重复使用、简化绘图工作的目的。

（2）图形块的作用

1）建立图形库

在平时的绘图工作中，我们可以将经常出现的图形做成块，建立图库。用块插入的方法，可以避免许多重复性的工作，提高设计与绘图的效率和质量。例如在建筑平面图的绘制中，定位轴线和轴号以及标高符号都可以作为图形块进行定义和调用，方便快捷。

2）节约存储空间

图形中的每个对象都会占据一定的存储空间，将若干个对象做成一个图形块后，系统就不必重复记录这些对象，这样就可以节约存储空间。块定义越复杂，插入的次数越多，就越体现出其优越性。

3）可以定义非图形信息

图形块还可以带有文本等非图形信息，称为属性。这些信息可以在块插入时随时修改，更具灵活性。例如标高符号中的标高数字、定位轴线的轴号等。

（3）图形块的特点

1）图形块是多个图形对象形成的一个集合。块一旦被定义，就以一个整体出现，且存在于定义它的图形文件中。若要在其他图形文件中使用，则必须以图形文件的形式另存在计算机硬盘中。从这个意义上说，任何图形文件都可以作为图形块插入到其他图形文件中，包括整个建筑平面图。

2）图形块要用块名标识，块名可以与文件名相同，也可以与文件名不同。再次调用并插入块时，需要用到图形块的名称。

3）组成图形块的各对象可以分别在不同的图层上绘制，插入时它们保留原所在图层的属性。但是在“0”层上绘制的各对象定义成图块后，插入时它们的属性随当前插入层。

（4）图形块的操作

1）“块定义”命令（BLOCK）

①菜单栏中选择：“绘图|块|创建”，如图 5-9 所示。

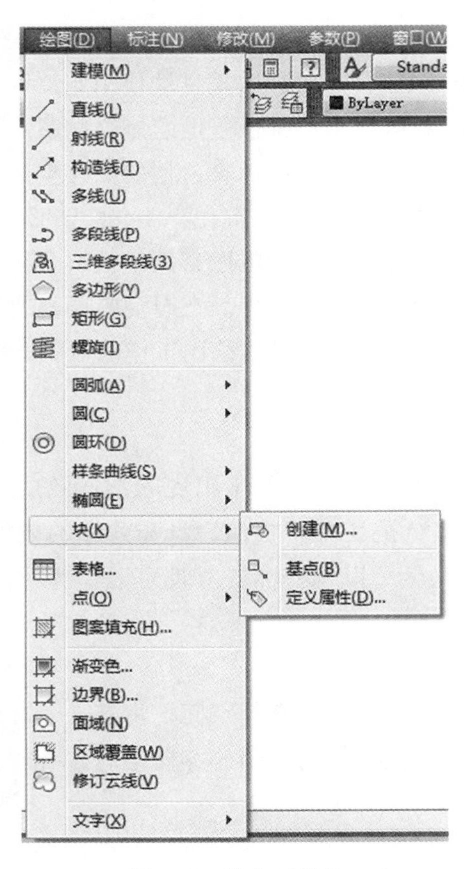

图 5-9　块定义菜单

②命令行中输入 block 或命令缩写 B。

执行“块定义”命令后，弹出的对话框如图 5-10 所示。

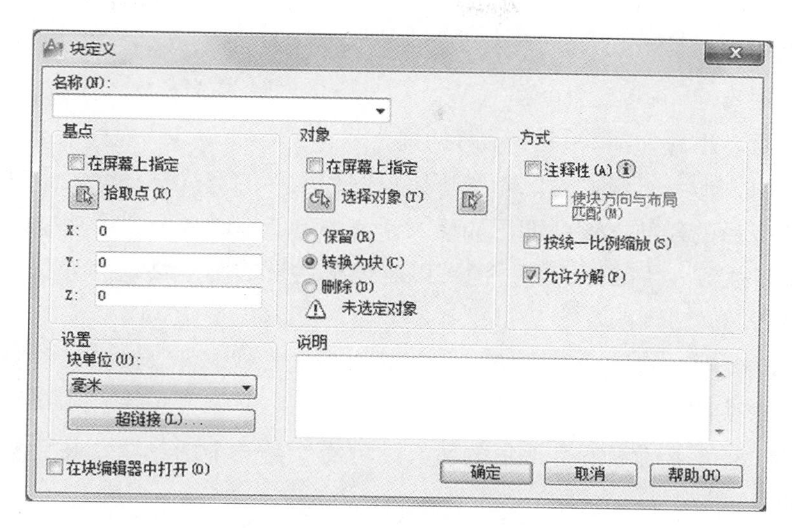

图 5-10 “块定义”对话框

在该对话框中，我们可以对需要定义的图形块进行设置。

名称：为新定义的图形块进行命名。当已有保存的块时，则可以在下拉菜单中选择已有的名称。

基点：为新创建的图形块设置的插入点。可以通过 XYZ 三维空间的坐标进行定位。在实际 AutoCAD 的使用中，我们一般都使用“拾取点”的方式，直接在 AutoCAD 的模型空间中选择基点。选择后，该对话框即显示出该点的三维坐标。

在块定义时选取的基点，不仅作为该图形块的定位点，也将作为之后再次插入该图形块时的插入点。因此在实际绘图过程中，基点的选择应当优先选取图形的特殊位置点，如中心点、端点、边界中点等。

对象：即需要被定义为块的图形。如图 5-10 所示，其下方显示“未选定对象”，表示当前尚未选择需要定义的图形。通过“选择对象”按钮，可以在 AutoCAD 的模型空间中选择我们想要定义的图形。一般可以在选择了需要定义的图形对象之后，再执行“块定义”命令，则对象就不需要再次进行选择。

对于被选图形对象的操作，有如下三种：

保留：在完成“块定义”的命令之后，被定义的图形仍然保留为之前的图形，不作任何操作。所定义的块被保存在计算机中，供之后调用和插入。

转换为块：选定的图形对象通过“块定义”的命令被转换为一个图形块，同时该图形块也可以在之后再次调用和插入。

删除：选定的图形在执行完“块定义”命令之后即被删除。

需要注意的是，通过“块定义”命令定义的图形块，只能保留在该图形文件中，也只能在该文件中继续调用。如果要简单转移到其他图形文件中使用，可以通过“写块”命令来进行。

2）“写块”命令

命令行中输入 wblock 或命令缩写 W。

执行命令后，出现如图 5-11 所示对话框。

通过“写块”命令，我们可以对图形块以图形文件的形式在计算机中进行储存，从而使其可以在以后的任何文件中调用和插入。其中对话框的各个选项功能如下：

源：即需要被写入块的图形源。源可以是已被定义的图形块，也可以是模型空间中的图形。

块：选择已被定义的块进行存储。在右侧的下拉菜单中可以选择当前图形文件中已经被定义的图形块的名称。

整个图形：把当前的图形文件中的所有图形看作是一个图形块，并且将其写入到即将存储的块当中。

对象：在当前的图形文件的模型空间中选取一部分图形作为被存储的图形块。该图形部分可以使用“基点”和“对象”进行选择。

在该对话框中，“基点”和“对象”选项组的操作与“块定义”对话框中的操作一致，在此不作赘述。

目标：写入的块需要在计算机硬盘上进行存储的位置。通过选择路径和输入文件名，可以将该图形块保存在计算机中的指定位置，便于之后进行重复的调用和插入。

图 5-11 “写块”对话框

3）“块插入”命令（INSERT）

①菜单栏中选择：“插入|块”。

②绘图工具栏中选择“块插入”按钮。

③在命令行中输入 insert 或命令缩写 I。

执行“块插入”命令后，弹出的对话框如图 5-12 所示。

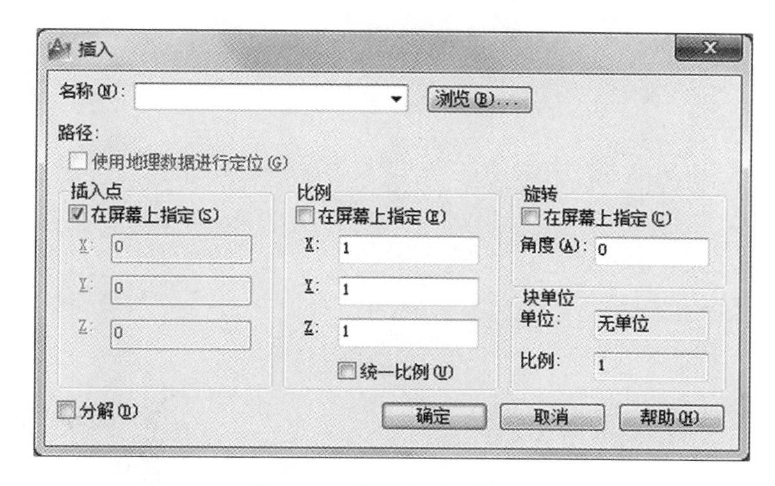

图 5-12 “块插入”对话框

在该对话框中，可以对需要插入的图形块进行设置。

名称：需要插入的图形块的名称。通过下拉菜单和“浏览”功能，我们可以在计算机的硬盘中选取已被写入并存储的图形块进行插入。

插入点：选定块插入时在该图形文件中的插入位置。

比例：图形块在插入时进行缩放的比例。可以在屏幕上指定，也可通过输入 XYZ 三个维度的比例，分别控制插入的图形块在三个维度上的不同缩放比例。若选择了“统一比例”则该图形块在插入时三个维度方向的缩放比例一致。

旋转：图形块在插入时进行旋转的角度。可以在屏幕上指定，也可以通过输入角度的方式进行控制。角度的计算方式同样以 X 轴正方向为 0°，逆时针旋转为正，顺时针旋转为负。

（5）图形块的属性

在绘图过程中插入图形块的同时，有时还需要随图块标注一些文字信息，如插入建筑标高符号的图形块时需要标注标高值；插入门窗时需要标注门窗的编号。这些为了说明图形块内容的文字信息，是图形块的一个组成部分，与图形对象构成一个整体。

因此，我们需要把这些文字信息设置为在块插入时是可以修改的。这些文字信息就是图形块的属性。一个图形块可以有多项属性，在插入时，同一项属性可以有不同的属性值，如各楼层的标高符号可以有不同的标高值。带有属性的图形块称为属性块。

1）“属性定义”命令（ATTDEF）

①菜单栏中选择：“绘图|块|定义属性”。

②命令行中输入 attdef。

执行“属性定义”命令后，系统弹出的对话框如图 5-13 所示。

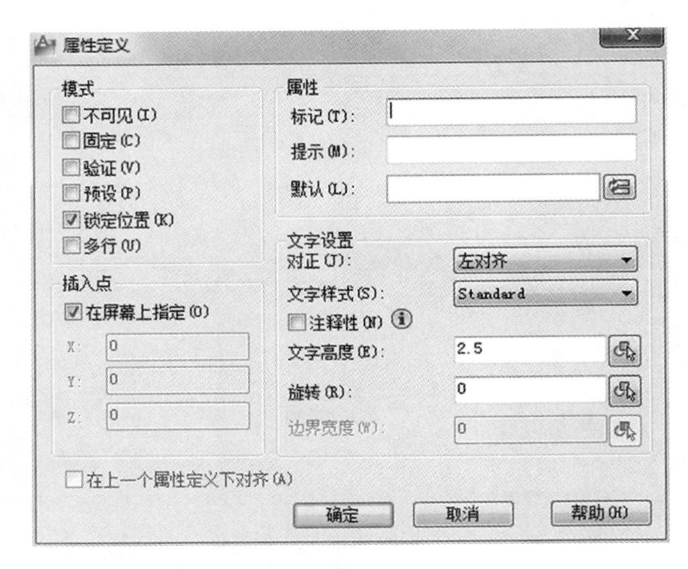

图 5-13 “属性定义”对话框

在该对话框中，可以对需要定义的属性进行设置。

①模式：对属性定义块的基本设置。

不可见：指定插入块时不显示或打印属性值，ATTDISP 替代不可见模式。

固定：在插入块时赋予属性固定值。

验证：插入属性块时提示验证属性值是否正确。

预设：插入包含预设属性值的块时，将属性设置为默认值。

锁定位置：锁定块参照中属性的位置。解锁后，属性可以相对于使用夹点编辑的块的其他部分移动，并且可以调整多行文字属性的大小。

多行：指定属性值可以包含多行文字。选定此选项后，可以指定属性的边界宽度。

②属性：该图形块插入时定义属性的设置。

标记：对该属性进行识别的命名，可以看作是该属性的名称。标记的文本框中不得为空值，而且不可以用空格或者感叹号进行命名。标记文本框中的字母，系统会自动改为大写。

提示：针对该属性对用户进行提示的名称。通过提示，我们可以知道该属性所表达的属性内容，例如提示为“标高值”。若不在此文本框中输入提示值，则该属性的提示内容为标记的内容。

默认：对该属性所指定的默认的属性值。一般可以把常用的属性值设置为默认值，也可以不设。

③插入点：用于确定属性值在图形块中的位置。可以在屏幕上指定，也可通过输入 XYZ 三个维度的坐标来进行选择。选择了“在屏幕上指定”之后，当在“属性定义”对话框中全部设置完，点击“确定”之后，系统会提示在模型空间中选取该属性在图形中的定位点。用户选取一点之后，该点即作为该属性值的放置点。

④文字设置：图形块在插入时其文字信息属性值的文字设置内容，包括对齐方式、文字样式、文字高度和旋转角度等。

需要注意的是，在图形块的绘制和使用过程中，当我们把图形块的图形绘制完之后，“属性定义”操作应当在“块定义”操作之前。在对图形进行了属性的定义之后，再把该属性和图形一起定义为带有属性的块。

2）“编辑属性”命令（DDEDIT）

当对属性值进行定义之后，就可利用编辑属性命令对属性值的标记值进行修改和编辑，此时需要用到“编辑属性”命令。

①菜单栏中选择：“修改 | 对象 | 文字 | 编辑”，如图 5-14 所示。

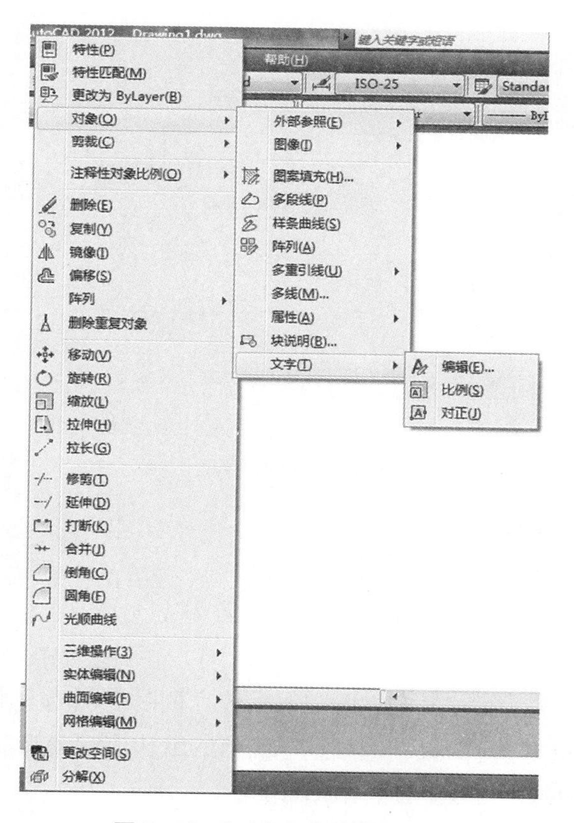

图 5-14 “对象文字编辑”菜单

②在命令行中输入 ddedit。

执行“编辑属性”命令后，系统提示选择注释的对象。选择之前所定义的属性后，系统弹出的对话框如图 5-15 所示。

图 5-15 “编辑属性定义”对话框

此时对标记进行修改，可以把该属性的显示值改为所需要的值。

当把图形和定义属性一同转换为块并确定时，系统会弹出“编辑属性”对话框，如图 5-16 所示。

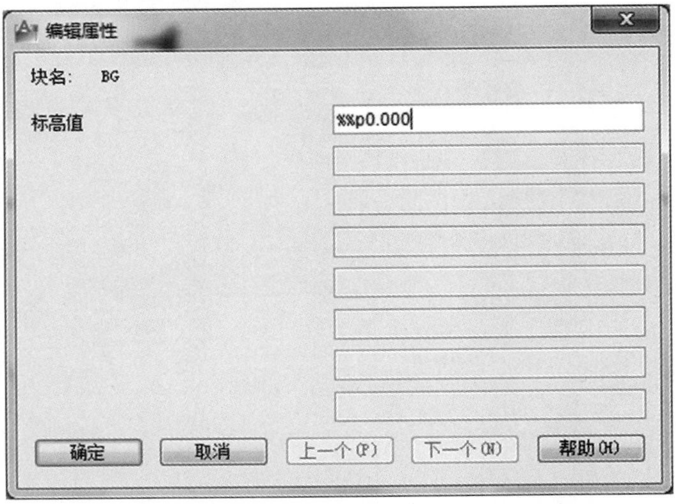

图 5-16 “编辑属性”对话框

此时对话框内会显示出定义属性时的提示值，同时右侧的文本框中显示之前所设置的默认值。可以对该值进行修改，例如把标高值的默认值改为当前实际值。

3)“增强属性编辑”命令（EATTEDIT）

①菜单栏中选择:“修改 | 对象 | 属性 | 单个”，如图 5-17 所示。

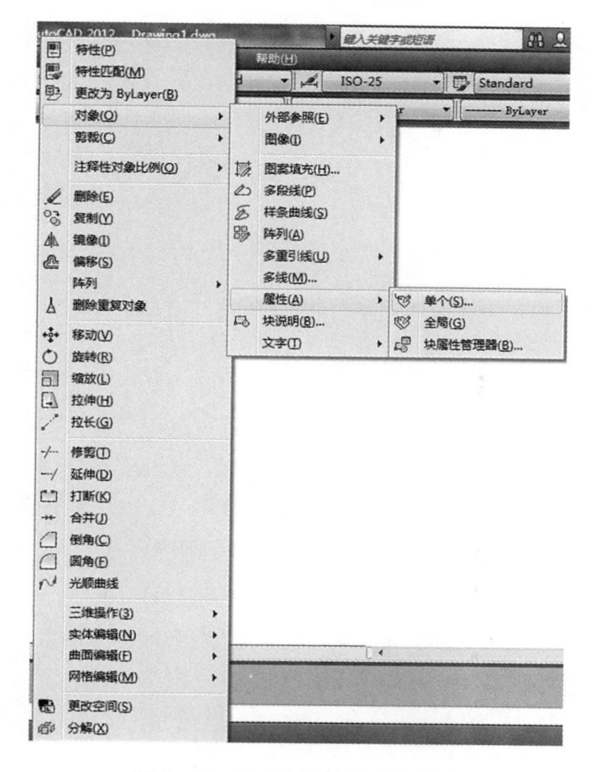

图 5-17 “对象属性修改”菜单

②在命令行中输入 eattedit。

执行“增强属性编辑”命令后，系统提示选择编辑的对象。选择之前所定义的带有属性的块后，系统弹出的对话框如图 5-18 所示。

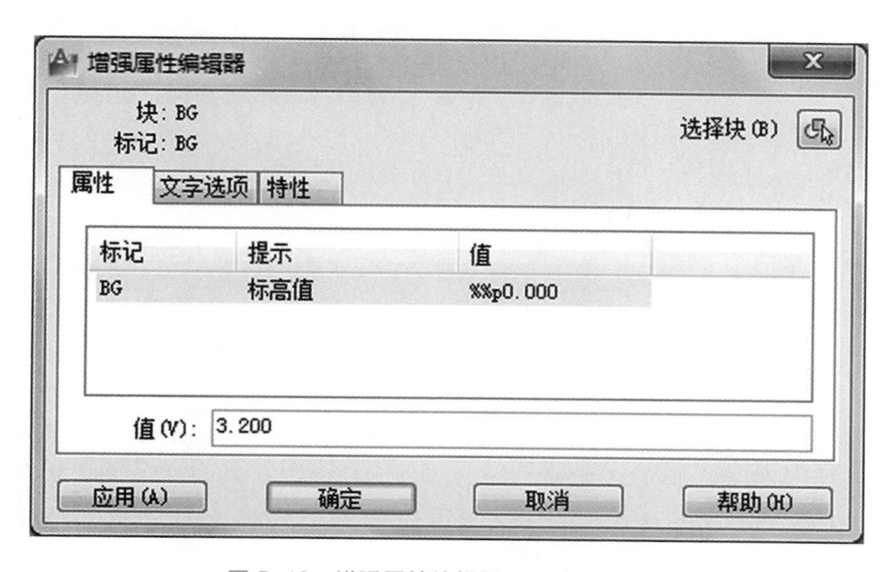

图 5-18 增强属性编辑器“属性”选项卡

在增强属性编辑器中，可以对带有属性的块做更多的属性编辑。例如在“属性”选项卡中，可以直接修改当前所需要的值。

在“文字选项”选项卡中，可以对该图形块中的文字选项的文字样式、对正、高度、宽度因子、旋转和倾斜角度等进行设置，如图 5-19 所示。

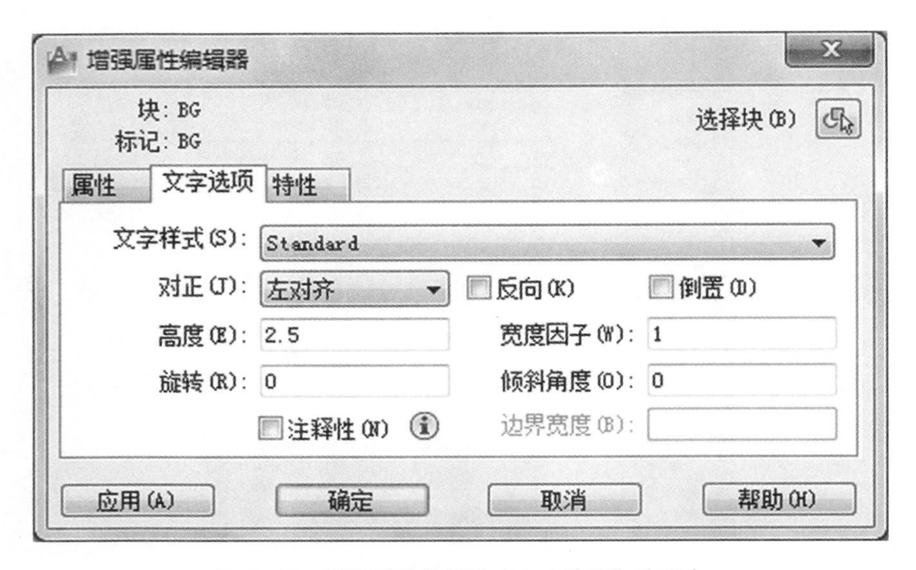

图 5-19　增强属性编辑器“文字选项”选项卡

在“特性”选项卡中，可以对该带有属性的块的特性进行编辑，包括图形块所在的图层、线型、颜色、线宽和打印样式等内容，如图 5-20 所示。

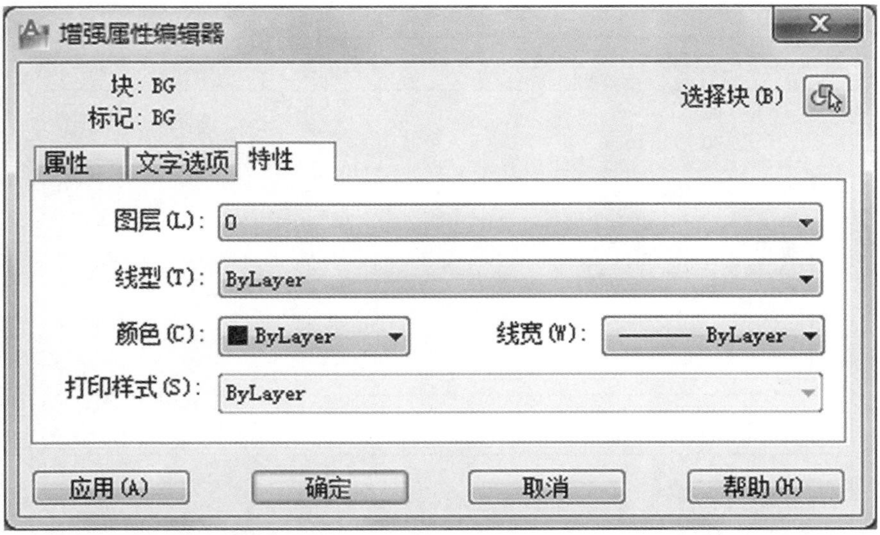

图 5-20　增强属性编辑器“特性”选项卡

由此，可以对带有属性的块进行重复的调用和编辑，以得出不同标记值的带有属性的图形块。

需要注意的是，在插入带有属性的块时，通过调整比例的正负号来确定图形块的正反向以及是否颠倒。例如现有如图 5-21 所示标高标注 a，需要进行反向调整。

4. 100

图 5-21　标高标注 a

此时需要在插入块的对话框中，将 X 方向的比例调整为 −1，如图 5-22 所示。

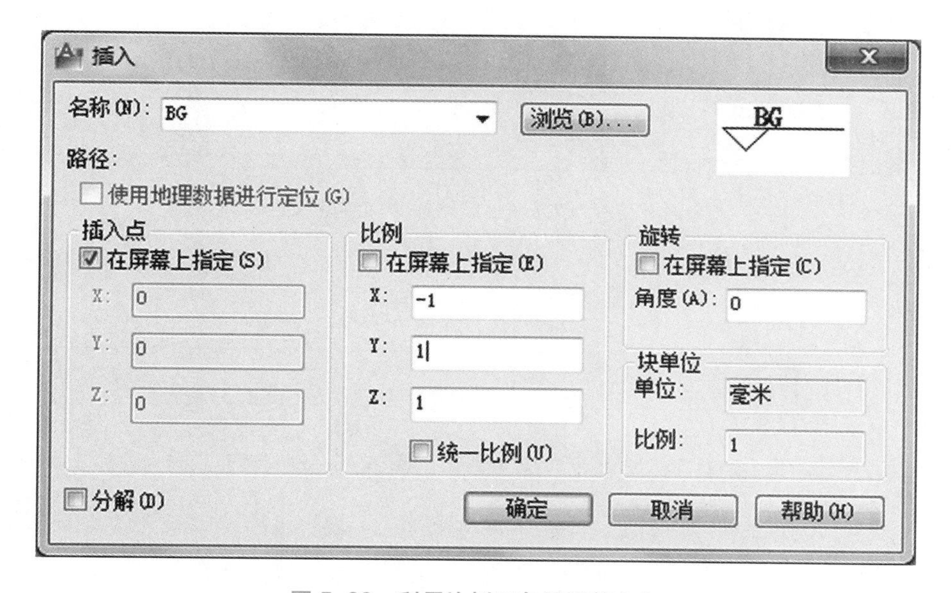

图 5-22　利用比例正负号调整方向

点击确定后，还需双击该标高标注图形块，在“文字选项”中勾选“反向”复选框，则标高符号反向的同时，标高数字不会反向。同时可以进行调整的还有文字的对正方式。为了让标高值处在标高符号的适当位置，可选择对正方式为“居中”，如图 5-23 所示。

设置完毕后，则标高标注 a 如图 5-24 所示。

同理，当需要进行上下倒置时，则在插入带有属性的块时将 Y 方向比例设置为 −1，同时在属性块的“文字选项”编辑中勾选“倒置”复选框，就可以使标高符号倒置而标高值数字不变，如图 5-25 所示。

在建筑立面图当中的轴线轴号，同样可以采用带有属性的块来绘制。将轴号设为属性定义，然后与轴号圆圈和轴线定义为一个图形块。这样在每次插入该图块的时候，只要直接输入新的轴号和指定块的插入点即可。具体的操作方法与标高标注符号相同，在此不再赘述。

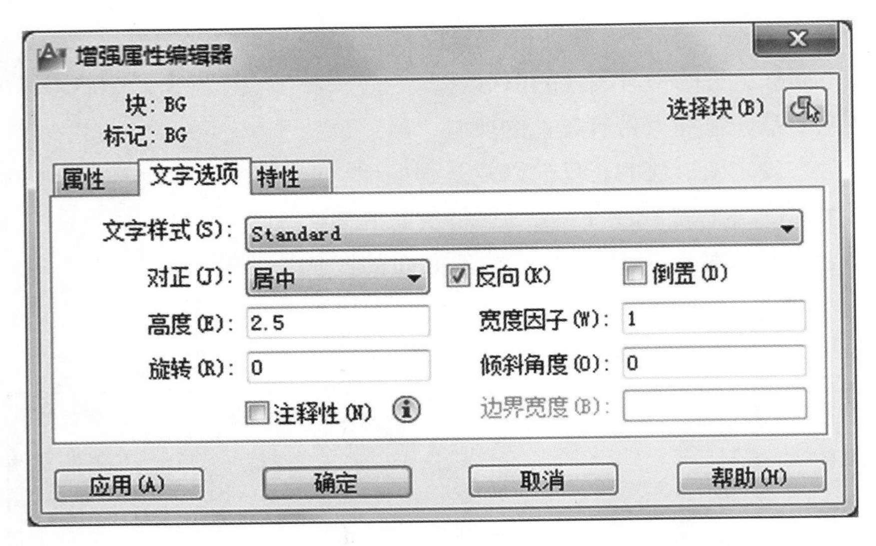

图 5-23　增强属性编辑器“文字选项”

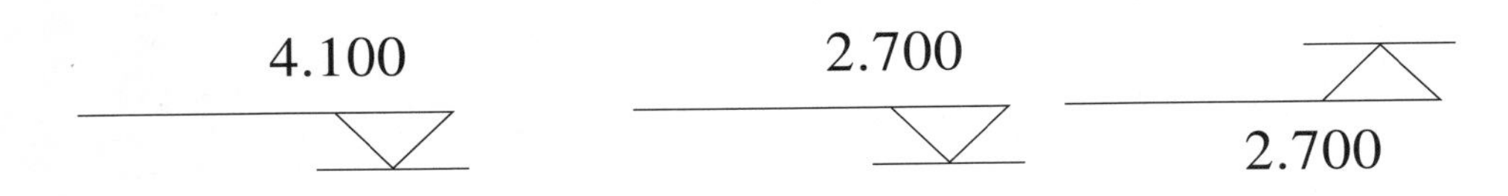

图 5-24　反向调整后的标高标注 a

图 5-25　倒置调整后的标高标注

(6) 图名文字注写

由于该建筑立面图中只有图名需要进行文字的注写，因此可以直接执行“单行文字”或“多行文字”命令，对图名进行注写。一般更多地采用多行文字。多行文字的优点如下：

1）可以对文字编辑实行即时调整，而不需要像单行文字先设定好所有属性然后再进行注写。

2）对于已经完成注写的多行文字，若要再次进行文本的编辑和修改，只需要双击该文本文字，就可再次启动文本编辑模式，而可以不需要使用“属性编辑”功能。

3）多行文字的文本显示，可以通过光标移动夹点进行调整，因此在执行“多行文字”命令时指定的对角点范围并不影响文字注写的数量和文本文字的显示。

执行“多行文字”命令后，根据命令行的提示，指定文字位置，然后弹出文本编辑框和文字格式工具栏，如图 5-26 所示。

多行文字的注写和编辑模式类似于 Microsoft Word 等文本文件编辑软件的使用模式。在文本框编辑模式下，可以即时对正在编辑的文字的属性进行各种设置。

在文本编辑框中输入“南立面图”和“1 ： 100”，注写和编辑完成后，点击确定按钮，完成多行文字的注写。

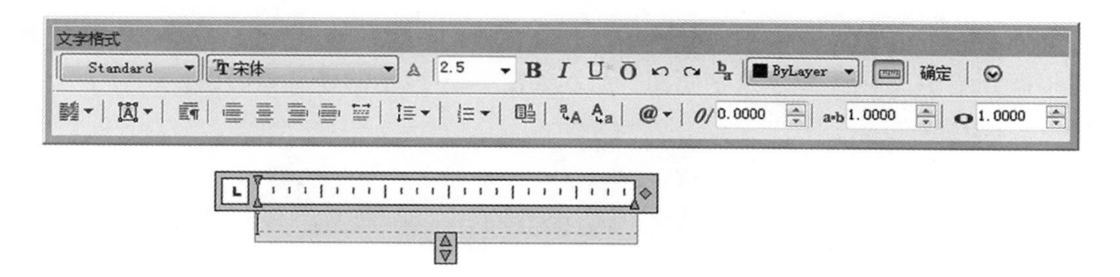

图 5-26　多行文本编辑框和文字格式工具栏

需要注意的是，在 AutoCAD 的文字编辑输入中，同样文字高度的情况下，汉字的显示高度比阿拉伯数字略小一些。因此在实际工作中，我们经常将阿拉伯数字的文字高度调小。

在实际的绘图工作中，在已经绘制完建筑平面图的基础上，可以直接将建筑平面图中的图名复制到建筑立面图下方，对文字内容进行编辑，改为建筑立面图的名称即可。充分利用已有的图形进行复制操作，是加快绘图速度，节约工作量和工作时间的有效方法。

至此，建筑立面图绘制完成，如图 5-27 所示。

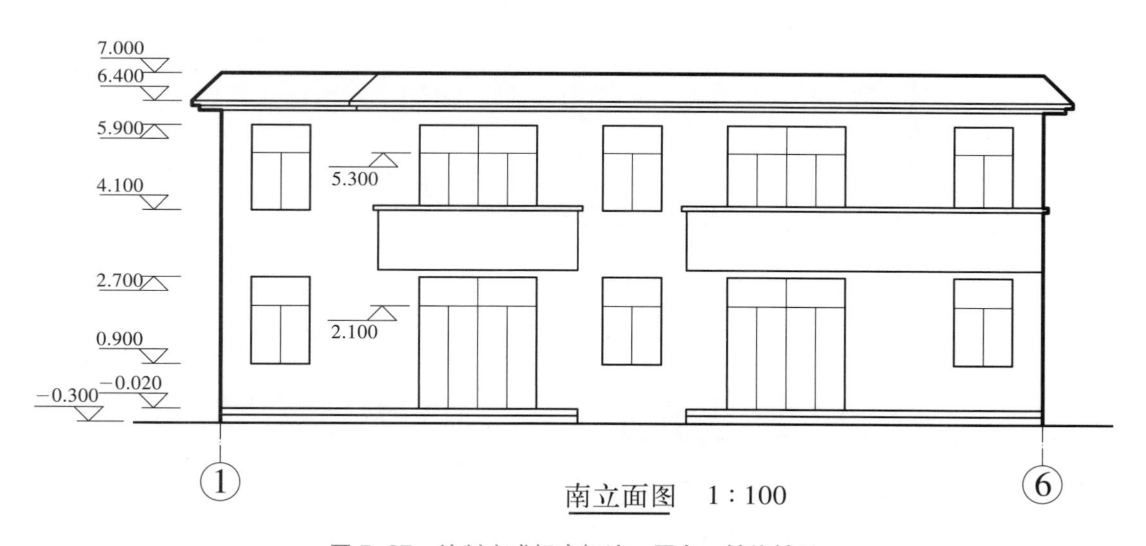

图 5-27　绘制完成标高标注、图名、轴线轴号

【任务总结】

1. 对建筑立面图的绘图步骤进行总结。
2. 对建筑立面图中的标高标注等的规范要求进行复习和巩固。
3. 对使用带有属性定义的块绘制标高标注的方法进行总结。

【任务拓展】

根据如图 5-28 所示的建筑平面图，绘制如图 5-29 所示的建筑立面图。

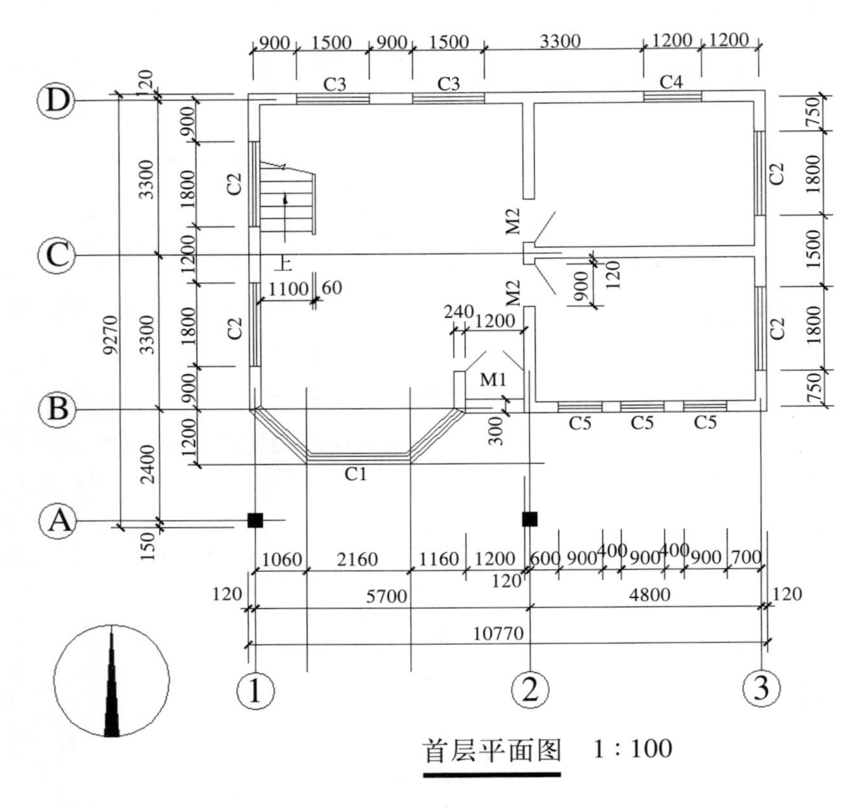

图 5-28　拓展练习建筑平面图

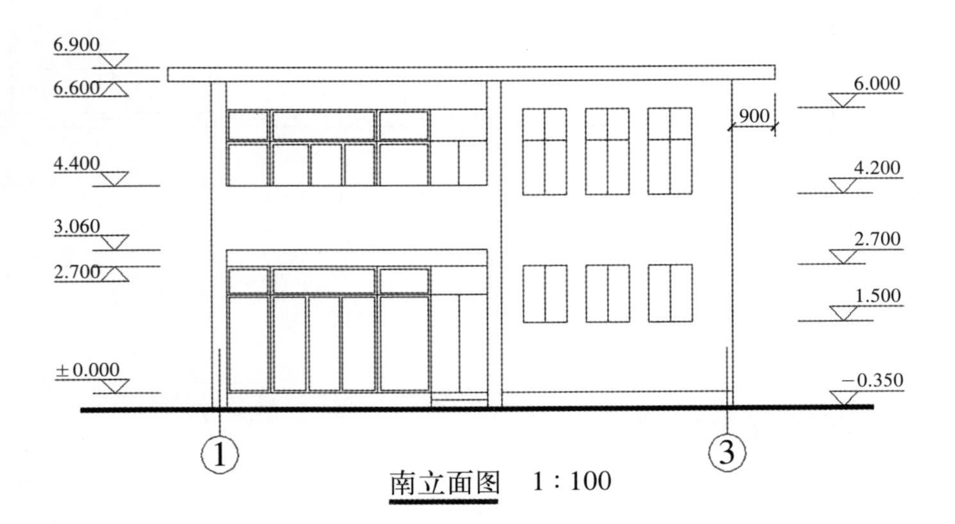

图 5-29　拓展练习建筑立面图

任务报告：

项目 6 建筑剖面图的绘制

【项目描述】

在建筑平面图和建筑立面图中，我们只能够了解到建筑的平面布局、构件布置等情况和外立面效果等情况，而建筑物内部的竖向空间布局及其构件和形状，需要通过建筑剖面图来进行表达，例如建筑物内的楼梯、楼板、梁等构造。假想用一个或多个垂直于外墙轴线的铅垂剖切面，将建筑物剖开，所得的投影图，称为建筑剖面图，简称剖面图。剖面图用以表示建筑物内部的主要结构形式、分层情况、构造做法、材料及其高度等，是与平、立面图相互配合的不可缺少的重要图样之一。

【任务内容】

根据项目 4 中已经完成的建筑平面图和项目 5 中已经完成的建筑立面图，绘制如图 6-1 所示的建筑剖面图。

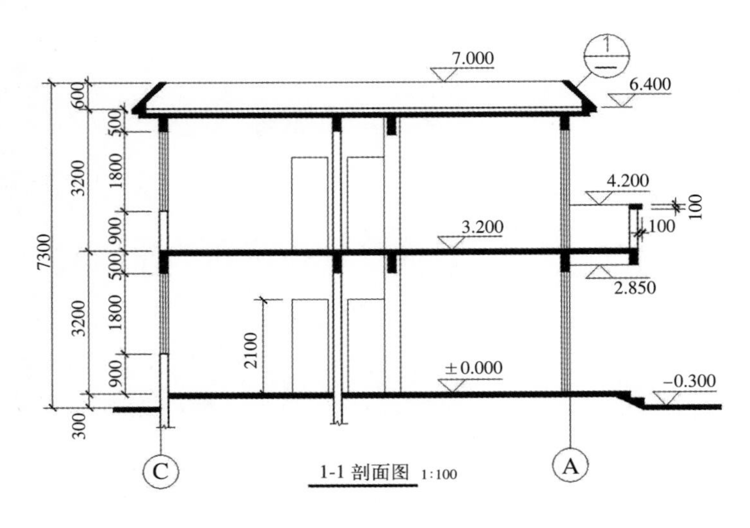

图 6-1 建筑剖面图

【任务分析】

1. 熟悉建筑剖面图的基本知识。
2. 熟练掌握 AutoCAD 图案填充的方法。
3. 会用 AutoCAD 绘制建筑剖面图。
4. 会用 AutoCAD 对填充图案进行编辑。

【任务实施】

1. 绘制地坪线、定位轴线与层高线

建筑平面图、建筑立面图与建筑剖面图三者之间的关系，与三面投影图中的“长对正、宽平齐、高相等”的原理是一致的。在建筑立面图已经绘制完成的基础上，可以利用建筑立面图与建筑剖面图“高相等”的对应关系，直接为建筑剖面图进行高度上的定位，包括地坪线、层高线、屋檐和屋面的定位线等。与绘制建筑立面图时用建筑平面图来进行对应的原理一样，这样作图不仅方便了绘图，更保证了绘图的精确性。且图面效果较好。

（1）将“地坪”图层设为当前图层，在已绘制完成的建筑立面图的右方取适当位置，执行“直线”命令，绘制一道水平的建筑剖面图的室外地坪线，以及一道建筑剖面图的室内一楼地面线。室外地坪线应当超出建筑物的水平范围，其左右两侧宜在建筑物需要表达部分的基础上各超出 500mm 以上。

（2）选择“轴线”图层为当前图层，执行“直线”命令，从建筑立面图中的一层地面标高处、二层楼面标高处、屋檐标高处和屋顶标高处，直接作辅助线到右侧建筑剖面图的范围内，为建筑剖面图确定每层层高、屋檐和屋顶定位线的位置。在绘制定位辅助线时，辅助线绘制长度宜超过建筑剖面图的总长度，以便于之后的绘图步骤中对其进行应用。

（3）根据项目 4 中建筑平面图中的进深宽度，利用三面投影图的对应关系，得出建筑剖面图的宽度，即 © 号轴线与 Ⓐ 号轴线的位置。同时执行“直线”命令，将 © 号轴线与 Ⓐ 号轴线绘制出来。

（4）根据建筑剖面图的形状布置，对来自水平、垂直两个方向的定位辅助线进行整理。整理后的效果如图 6-2 所示。

2. 绘制墙体、室内地面、楼面和屋面线

（1）将“墙线”图层设为当前图层，并执行“多线”命令。在已绘制完成的垂直方向的辅助定位线和定位轴线的基础上，确定墙体的位置和尺寸，绘制出竖直方向的墙体。

（2）在已绘制完成的水平方向的地坪线、层高线、屋檐屋面定位线的基础上，根据楼板的位置和尺寸，绘制出楼板、屋面。

利用“多线”命令绘制时，通过“比例”来调整墙体和楼板的厚度。例如绘制墙体时设置多线比例为240，绘制楼板时设置多线比例为100。由此可以直接绘制出墙体和楼板的双线。

需要注意的是，在使用多线命令时不同情况下对正方式的选择。当绘制竖向墙体时，由于定位轴线处在墙体的中间，可以选择对正方式为“无”；当绘制水平的楼板时，由于定位辅助线处在楼层和屋面的面层位置，因此选择对正方式为“上”。

（3）通过与项目5中建筑立面图的对应关系，作门、窗洞口的定位辅助线到右侧的建筑剖面图上，确定墙体上门窗洞口的位置。

选择“门窗”图层，执行“直线”命令，利用门窗的定位辅助线，在墙体上绘制出门窗洞口，并使用“修剪”命令进行图形的整理。

整理后的效果如图6-3所示。

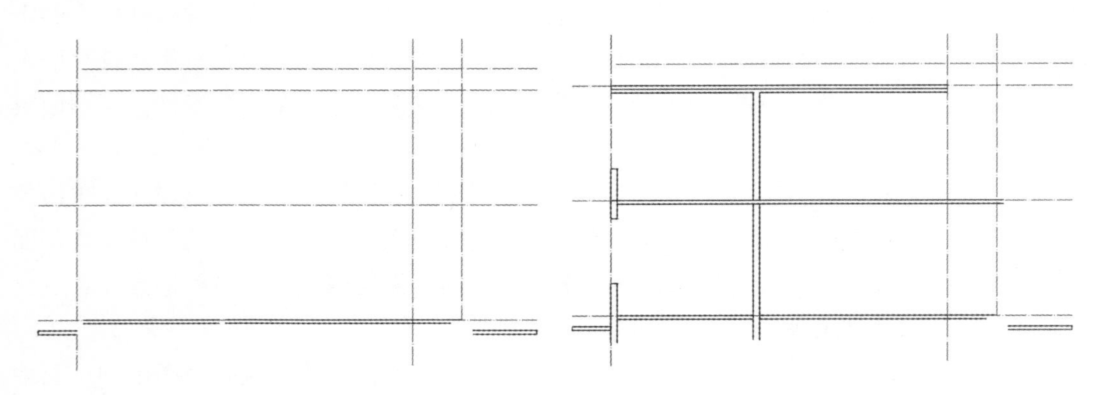

图6-2　绘制地坪线、定位轴线与层高线　　图6-3　绘制墙体、室内地面、楼面和屋面线

3. 绘制楼板梁、屋檐与屋面、台阶、阳台等建筑物构件剖切轮廓

（1）选择“地坪”图层为当前图层，根据已绘制完成的建筑立面图中的室外台阶尺寸，可以直接作定位辅助线确定建筑剖面图中室外台阶的高度，然后绘制出台阶剖切轮廓。

（2）根据已绘制完成的建筑立面图中的阳台尺寸，可以直接作辅助线确定建筑剖面图中阳台的高度。

执行“多线”命令，设多线比例为240，通过阳台边界绘制出阳台围墙墙体轮廓线。根据标高可以得知，阳台围墙墙体高度为1000，其中压顶厚度为100。因此可以使用“多线”命令绘制900高的墙体，再执行“矩形”命令，绘制340×100的矩形压顶。压顶的左下角应当与阳台围墙墙体的左上角重合在一起。

（3）绘制屋檐的细部构造。对于屋檐收进的尺寸，可以采用绘制楼梯踏步的方式。本例中屋檐的檐口收进水平距离为200，垂直高度降低100。

通过定位轴线，可以确定屋檐顶部的点的位置。然后再使用“直线”命令连接出屋面的斜坡。使用“偏移”命令，设偏移距离为100，直接偏移出屋檐斜坡的屋面板。

使用“延伸”命令，使得偏移出的斜线延长至屋顶最高处的定位辅助线。使用“圆角”命令，设半径为 0，将屋檐斜面线与竖直方向的线相交于一点。再利用“修剪”命令对图形进行整理。

（4）通过项目 4 中建筑平面图的柱网的分布，确定建筑剖面图中楼板梁的分布位置，绘制出楼板梁的剖切轮廓。由图中标高可以得知，梁高为 500。在有梁的位置绘制梁的底面，并且用直线将底面与楼板连接。绘制梁的时候要使用“墙身”图层绘制。

绘制完成后的效果如图 6-4 所示。

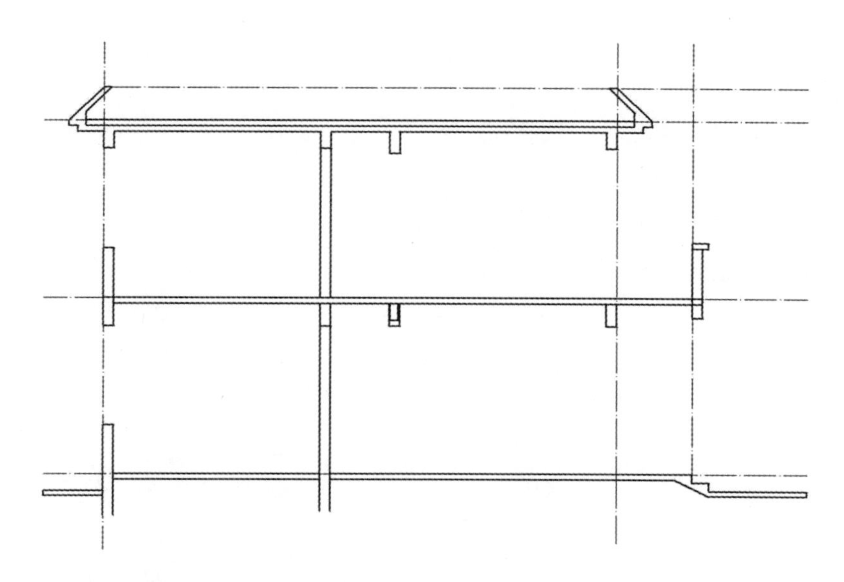

图 6-4　绘制楼板梁、屋檐与屋面、台阶、阳台等建筑物构件剖切轮廓

4. 绘制门窗与墙柱的可见轮廓和折断线

（1）选择“门窗”图层为当前图层，执行“多线”命令，使用 4 条线的多线样式，根据已绘制完成的墙身位置进行定位，绘制窗的剖切可见线。

再用“直线”命令，根据门的高度，以及项目 4 中建筑平面图上的门洞位置和尺寸，绘制出房间内剖切后可见的门框线。

选择“梁柱”图层为当前图层，使用“直线”命令，绘制出房间中部可见的柱子凸出的轮廓。注意柱子的可见轮廓线此时应当从楼地面直接伸到顶部楼板，而柱子的宽度一般比柱顶的楼板梁宽度更大。柱子的尺寸应当从项目 4 中建筑平面图上得出。

由于该建筑中，一层和二层的层高和门的可见轮廓线、窗的剖切线、柱子的可见轮廓线等位置相同，因此在绘制完一楼的门、窗、柱子之后，可以直接使用“复制”命令，将其复制到二层的相对应的位置。例如可以在复制时打开正交模式，在指定复制的位移时选择方向向上，位移通过标高标注计算可得为 3200。

（2）绘制墙体根部的折断线。要注意折断线需要使用细实线来绘制，同时折断符号应当以折断线为对称轴，两侧对称。

5. 图案填充

在实际的房屋建筑图纸绘图过程中，常需要通过绘制图例来表达建筑构造的材质，或是装饰材料的类型。在 AutoCAD 的绘图工作中，对一个闭合的图形空间进行某一种图案的填充，称为图案填充。AutoCAD 为我们提供了方便的图案填充命令，以便于填充各种图例。

比如在该项目的建筑剖面图中，需要对楼板、梁、屋面和屋檐、台阶、阳台栏杆面等钢筋混凝土构造部分以及室外地坪进行实体图案的填充。下面介绍图案填充命令的操作方法和技巧。

（1）执行命令方式

1）菜单栏中选择：“绘图 | 图案填充”。

2）绘图工具栏中选择“图案填充”按钮。

3）在命令行中输入 bhatch 或命令缩写 H。

执行命令后，系统弹出对话框，如图 6-5 所示。

图 6-5 “图案填充”对话框

在 AutoCAD 中，图案填充和渐变色为同一对话框命令。一般在实际绘图工作中，主要使用图案填充命令。

（2）选择填充图案

在“图案填充”对话框中，通过设置“类型和图案”选项组来对填充的图案进行设定。该选项组如图 6-6 所示，其中各个选项含义如下：

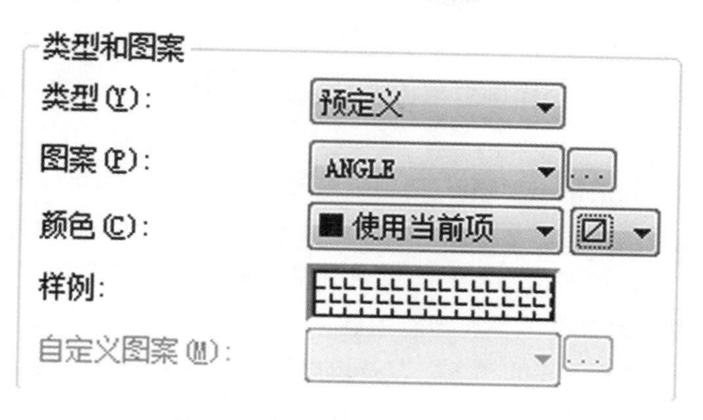

图 6-6 “类型和图案”选项组

类型：用于确定图案的类型及图案。其中，“用户定义”选项表示用户要临时定义填充图案；“自定义”选项表示选用 ACAD. pat 图案文件或其他图案文件（.pat 文件）中的图案填充；“预定义”选项表示用 AutoCAD 标准图案文件（ACAD. pat 文件）中的图案填充，如图 6-7 所示。

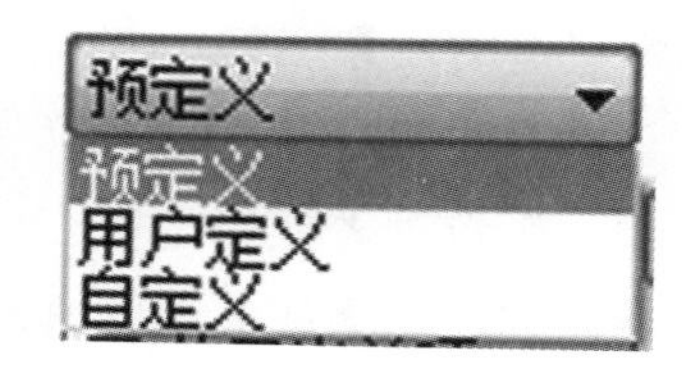

图 6-7 填充图案类型

图案：用于选取图案填充的图案内容。只有用户在“类型”中选择了“预定义”，此项才以正常亮度显示，表示可选择。即允许用户从自己定义的图案文件中选取填充图案类型。

通过下拉菜单，用户可以选择需要填充的图案名称。点击右侧的[...]按钮，则可以打开填充图案选项板，如图 6-8 所示。

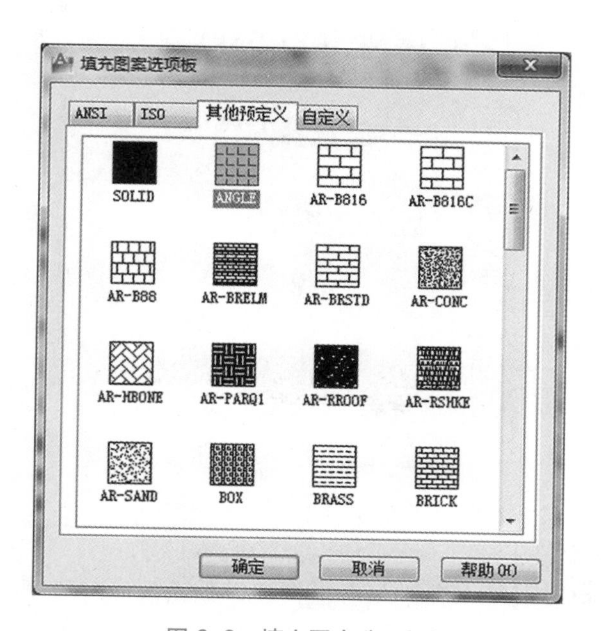

图 6-8 填充图案选项板

该对话框中显示了所选类型所具有的图案，用户可从中选取所需要的图案。选取所需要的填充图案后，在“样例”框内会显示出该图案。AutoCAD 默认状态下，在“ANSI”、“ISO”、“其他预定义”三个选项卡中均有可供选择的填充图案。例如，填充“砖砌体”图例可以使用“ANSI”选项卡中的 ANSI31 填充图案，即斜直线图案；填充“混凝土”图例可以使用“其他预定义”选项卡中的 AR-CONC 填充图案。选择填充图案之后按“确定”按钮即可，系统回到如图 6-5 所示的“图案填充”对话框，同时在“样例”中会显示出已经选择的填充图案图例。

颜色：用于调整填充图案的颜色，以及填充图案的背景色。一般情况下，不对其进行设置，而是使填充图案的颜色随图层，以便于管理图形。

样例：此框用来给出一个样本图案。用户可以通过单击该图像的方式迅速查看或选取已有的填充图案。点击样例的图案，系统同样会弹出如图 6-8 所示的填充图案选项板。

自定义图案：此下拉列表框用于从用户定义的填充图案中进行选取。只有在“类型”下拉列表框中选用“自定义”选项后，该项才以正常亮度显示，即允许用户从自己定义的图案文件中选取填充图案。

(3) 选择图案填充的范围边界

在“图案填充”对话框中的“边界”选项组中，可以用两种方式来选择需要进行图案填充的闭合图形边界。一种为“添加：拾取点”方式，另一种为“添加：选择对象”方式，如图 6-9 所示。

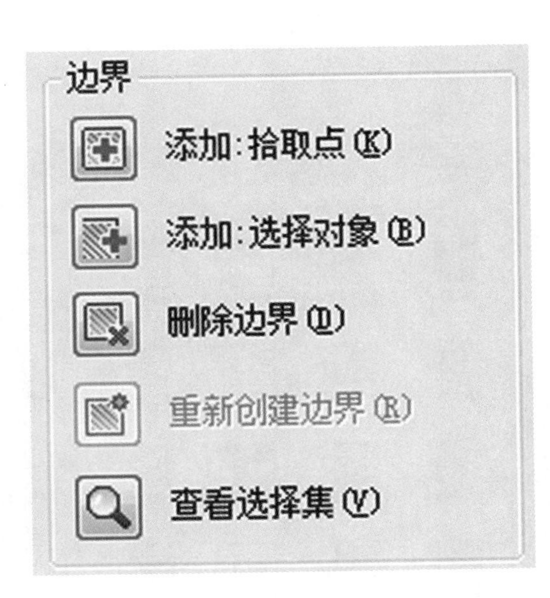

图 6-9 “边界”选项组

若选择“添加：拾取点”方式，点击按钮，则系统回到模型空间进行操作，并提示拾取闭合图形的内部点。此时点击闭合图形中间空的部分，系统会自动计算并识别拾取点所在的闭合图形范围，其选定范围以短虚线显示。

如图 6-10 所示，在由矩形、圆形、三角形组成的图案中，若选取拾取点为图中“X”位置，则被选定的区域为圆形与矩形和三角形的差集，其边界显示为短虚线。当图案填充命令执行完毕后，被填充的部分为图中的阴影部分。

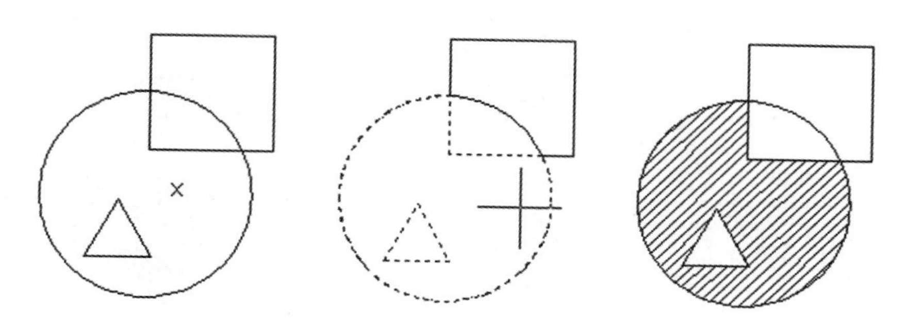

图 6-10 “拾取点”方式

若选择“添加：选择对象”方式，则系统回到模型空间进行操作，并提示选择需要被填充的闭合图形对象。选取之后的闭合图形同样以短虚线显示其边界。

如图 6-11 所示，在由矩形、圆形、三角形组成的图案中，若选择图案填充对象为图中的矩形，则被选定的区域为整个矩形，其边界显示为短虚线。当图案填充命令执行完毕后，被填充的部分为图中的阴影部分。此时图案填充与旁边的圆形和三角形无关。

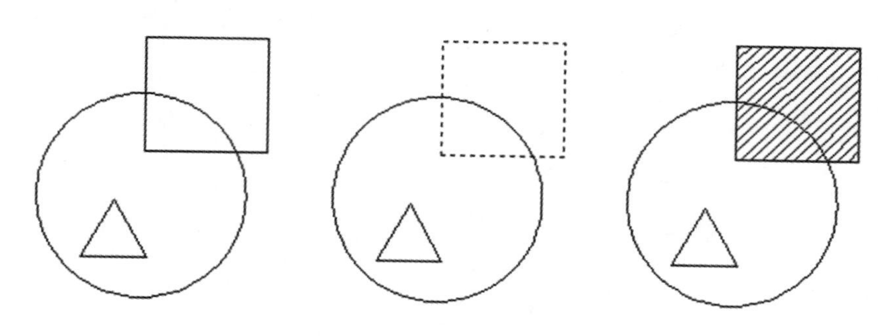

图 6-11 “选择对象”方式

无论采用上述何种方式，都可以在一次命令操作中选择一个闭合图形范围，也可以同时选取多个闭合图形。若在一次图案填充命令中连续选取多个闭合图形，则该次命令可以一次填充所有被选定的闭合图形空间。

“删除边界”按钮用于废除图案填充的闭合图形范围中的孤岛。有时在填充边界内存在一些“孤岛”，如果用户对“孤岛”所包围的内边界内的区域也进行填充，则单击该按钮，废除该“岛”。

如图 6-12 所示，当拾取了图中的“×”点作为拾取点后，图中的三角形部分即为填充的“孤岛”。若想要将三角形部分一同进行图案填充，则此时选择“删除边界”，同时选择该三角形，则三角形区域的边界性质将被废除。当图案填充命令执行完毕后，被填充的部分为图中的阴影部分，此时三角形范围同样被填充。

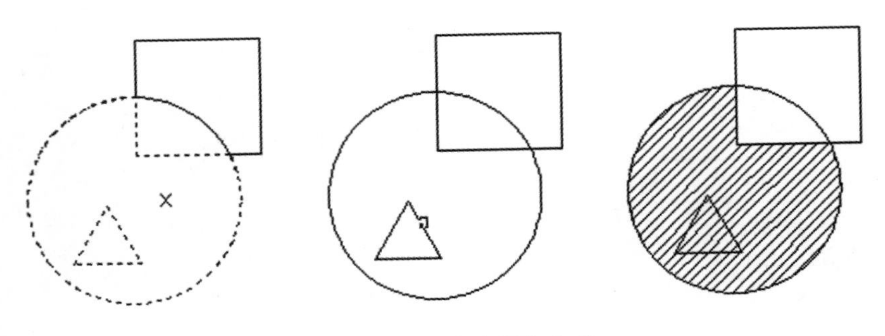

图 6-12 “删除边界”方式

“查看选择集”按钮用于观看填充区域的边界。单击该按钮，AutoCAD 将临时切换到作图屏幕，将所选择的作为填充边界的对象以高亮方式显示。只有通过“拾取点”按钮或“选择对象”按钮选取了填充边界，“查看选择集”按钮才以正常亮度显示，才可以使用该按钮。

（4）设置图案填充角度和比例

在使用 AutoCAD 中提供的填充图案时，由于绘图的比例和图形各不相同，其填充图案往往不能够直接满足绘图的需要。此时需要对填充图案的角度和比例进行调整。角度和比例的选项组如图 6-13 所示。

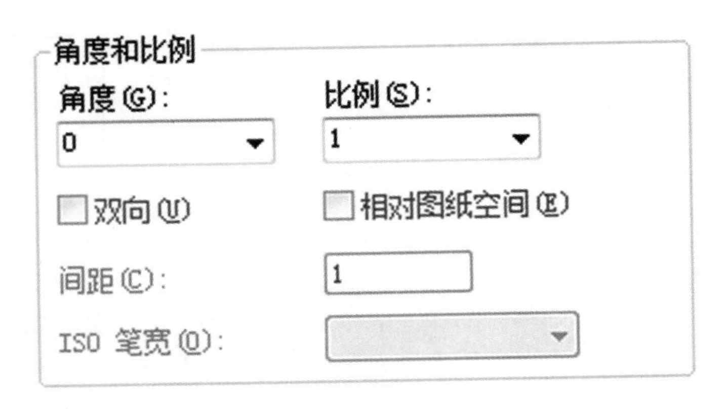

图 6-13 “角度和比例”选项组

角度：用于控制填充图案的旋转角度。AutoCAD 默认状态下，图案填充角度为 0°。当需要将填充图案进行旋转时，可以直接在该选项组中输入旋转的角度。

AutoCAD 系统将按照逆时针的方式，按设定的角度对填充图形进行旋转。

如图 6-14 所示，当需要填充“ANGLE”图案时，将填充角度设为 45°。此时填充后，其填充效果如图 6-15 所示。

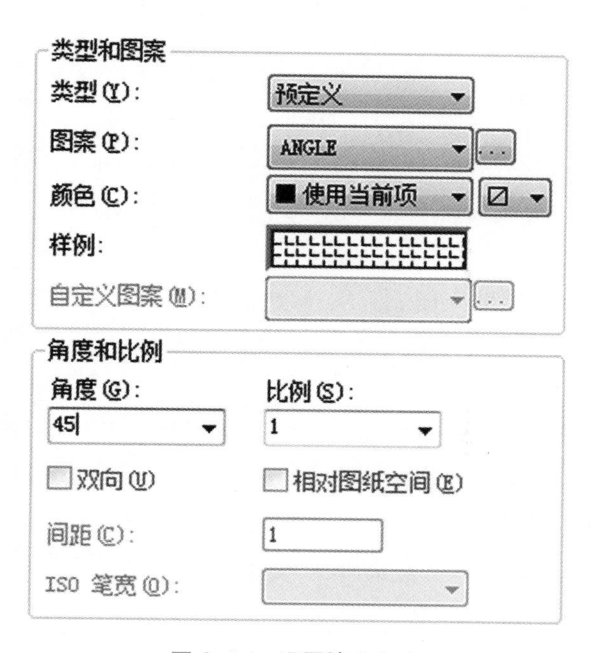

图 6-14 设置填充角度

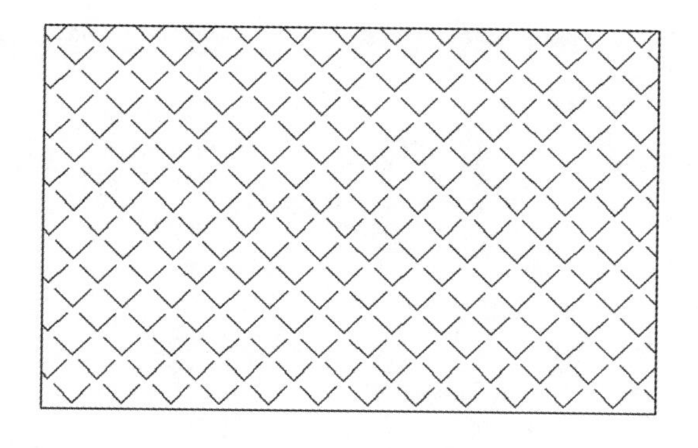

图 6-15 设置 45° 填充角度后的效果

比例：在图案填充时，为使填充的图案比例与绘图的比例相适应，可以对填充图案的比例进行调整。AutoCAD 默认状态下，比例为 1。大于 1 时填充图案比例放大，即图案变得更疏；小于 1 时填充图案比例缩小，即图案变得更密。

在图 6-14 的基础上，将填充图案“ANGLE”的比例由 1 改为 3，则填充后的效果如图 6-16 所示。

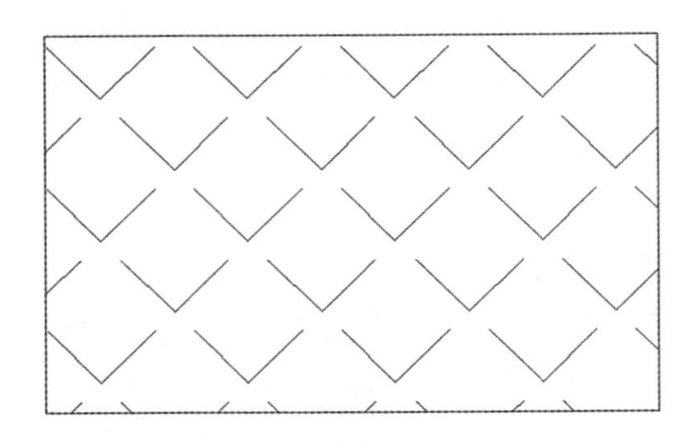

图 6-16　设置比例为 3 之后的填充效果

需要注意的是，在使用填充图案为实体图案“SOLID”时，角度和比例均不能进行设置。

（5）编辑填充的图案

对于已经完成的填充图案，可以再次对其各种属性和参数进行修改和编辑。此时需要使用“图案填充修改”的命令。

1）菜单栏中选择“修改|对象|图案填充”。

2）在命令行中输入 hatchedit 或命令缩写 HE。

（6）图案填充编辑的操作步骤

执行“图案填充编辑”命令后，系统提示选择图案填充对象。当选择已经完成的填充图案之后，系统弹出如图 6-17 所示对话框。

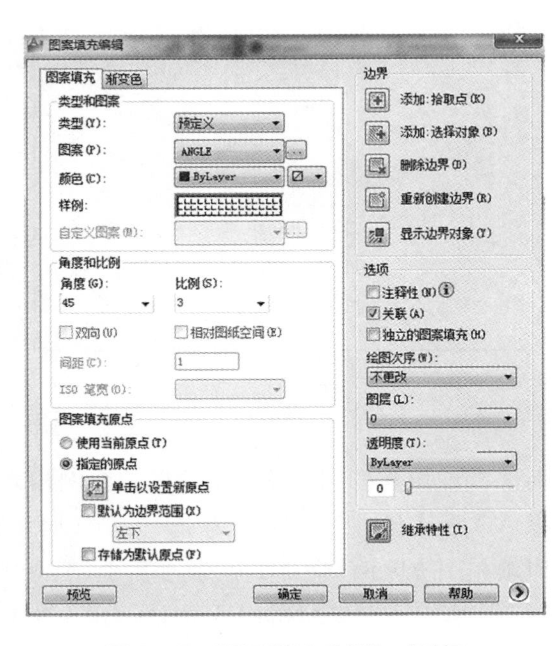

图 6-17　“图案填充编辑”对话框

该对话框与“图案填充”对话框大体相同。不同之处在于“边界”选项组中去掉了“查看选择集”，增加了“显示边界对象”功能。点击按钮后，系统回到模型空间，同时显示出被选择的填充图案的边界范围，如图 6-18 所示。

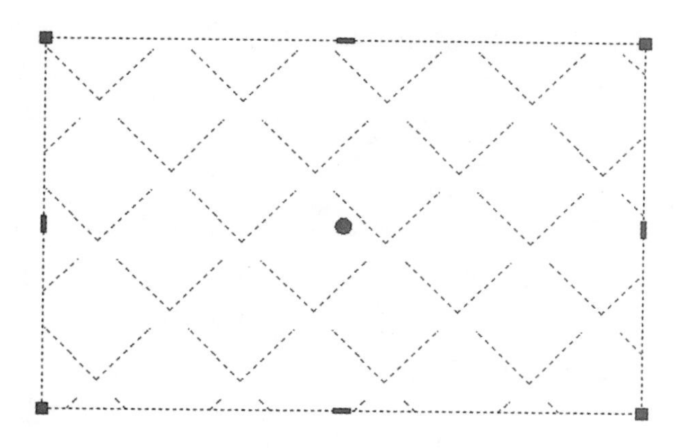

图 6-18 “显示边界对象”的效果

在图案填充编辑中，对于填充图案的图案类型、角度和比例等编辑，与上文中“图案填充”命令的操作方法一致。

将如图 6-18 中的填充图案由“ANGLE”图例改为“ANSI31”图例，填充角度改为 0°，填充比例改为 1，单击“确定”按钮后，图案填充编辑效果如图 6-19 所示。

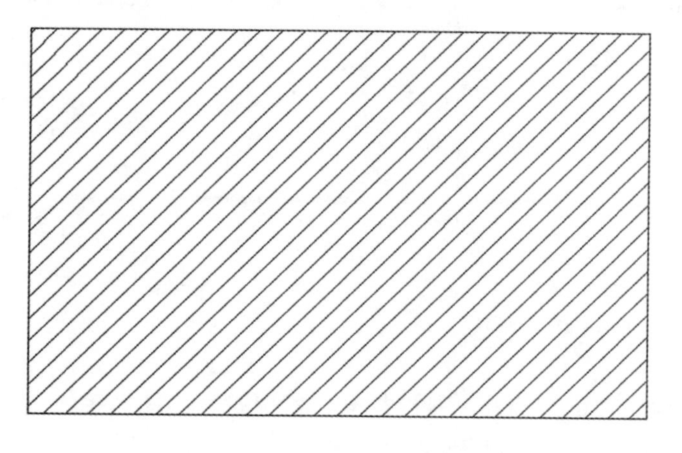

图 6-19 图案填充编辑后的效果

（7）操作技巧

在图案填充命令中，最重要的操作包含两个步骤：一个是指定填充的闭合图形空间范围。此时一定要指定闭合图形才可以进行填充。一般我们采取“拾取点”的方式来选择填充的闭合图形空间；第二个是选择需要填充的图案。在同一张图纸中填充不同材质的图案时，一定要适当调整各个图案的填充比例，使其符合图纸的比例，看起来填充密度恰当。

另外需要注意的是，一次图案填充命令所填充的图案为一个整体，不可以对一次图案填充命令完成的各个填充部分分别进行操作和删除。因此如果要对多个填充的闭合图形进行分别操作时，需要提前用多次图案填充命令，将图形分别进行填充，而不能够一次命令填充多个闭合图形。

在该项目中，由于建筑剖面图内的梁、楼板、屋檐、地坪、压顶等均为实体填充，因此在使用“图案填充”命令时，选择填充图案为“SOLID”实体图案。此时不需要设置填充角度和比例，只需要选定需要填充的闭合图形的边界即可。建议对于每一个闭合图形，分别用一次图案填充命令进行填充，而不要一次性填充多个图案，以便于之后可以对各个填充图案部分分别进行修改和操作。

绘制完成后的效果如图 6-20 所示。

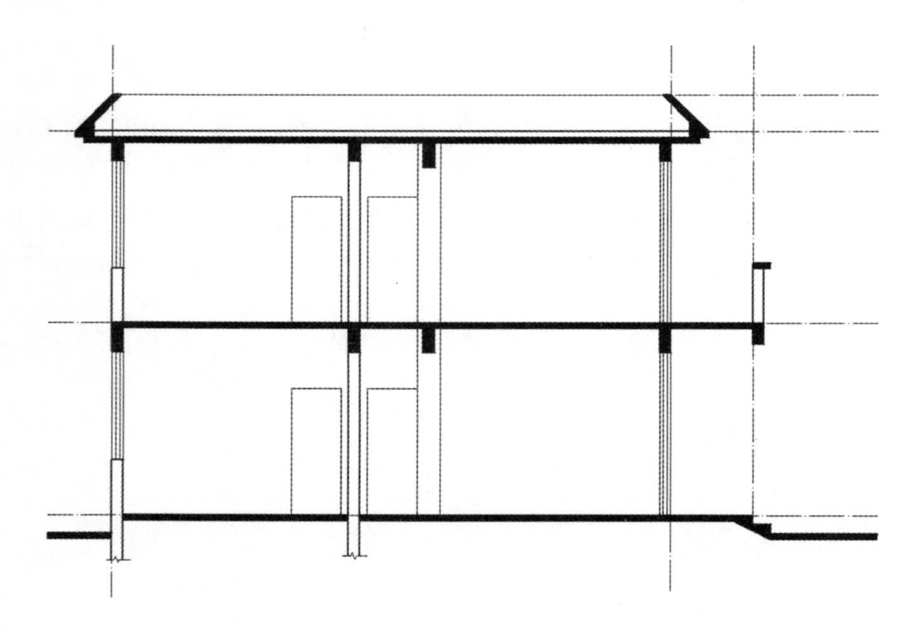

图 6-20　绘制门窗与墙柱的可见轮廓、折断线和图案填充

6. 绘制尺寸标注和标高标注、轴线轴号、索引符号、图名等

（1）索引符号

1）概述

当建筑物内有局部构造或构件无法在建筑平面图、建筑立面图和建筑剖面图中表达清楚，需要利用建筑详图进行表达时，则需要用到索引符号。通过索引符号，可以把建筑详图与其所在的其他主要图纸上的位置对应起来，表示该处具体做法和构造需要另见其他建筑详图。

2）索引符号的绘制

用一细实线为引出线指出要画详图的地方，在线的另一端画一直径为 10mm 的细实线圆，引出线应指向圆心，圆内过圆心画一水平线。

如索引出的详图与被索引的图样同在一张图纸内，应在索引符号的上半圆内用阿拉伯数字注明该详图的编号，并在下半圆内画一段水平细实线。如图 6-21（a）所示，表示 5 号详图在本张图纸上。

如索引出的详图与被索引的图样不在同一张图纸内，应在索引符号的下半圆中用阿拉伯数字注明该详图所在图纸的图号，如图 6-21（b）所示，表示索引的 5 号详图在图号为 2 的图纸上。

如索引出的详图采用标准图，应在索引符号水平直径的延长线上加注该标准图册的编号，如图 6-21（c）所示，表示索引的 5 号详图在名为 J103 的标准图册，图号为 2 的图纸上。

索引符号如用于索引剖面详图，应在被剖切的部位绘制剖切的位置线，并以引出线引出索引符号，引出线所在的一侧应为投射方向。如图 6-21（d）所示，表示剖切后向下投射。图 6-21（e）则表示剖切后向左投射。

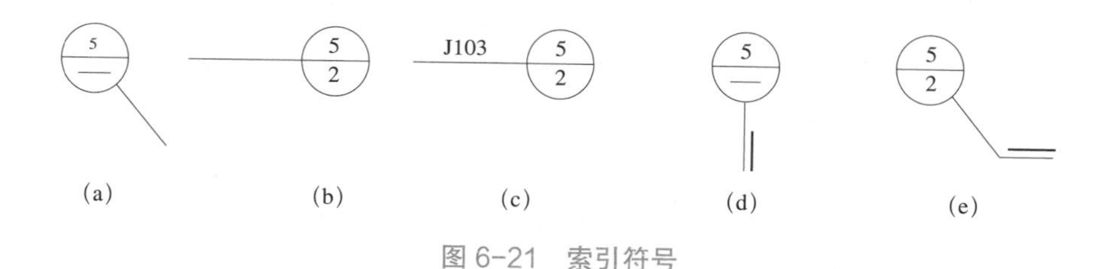

图 6-21　索引符号

（2）标高标注、轴线轴号、图名等的绘制

对于标高标注，轴线轴号的绘制，可以采用项目 5 中所学的带有属性的块定义和块插入的方法来进行绘制。对于图名的注写，可以使用之前已经设置完成的文字样式，执行“多行文字”命令，在建筑剖面图的下方写上“1-1 剖面图 1∶100”。

建筑剖面图中的轴线轴号、图名、标高符号等，均可从项目 4 和项目 5 中已经绘制完成的建筑平面图和建筑立面图中进行复制和编辑，从而节约绘图的时间，减少绘图工作量。

（3）尺寸标注

尺寸标注的样式设置以及标注方法，可以使用项目 4 中所学的方法和技巧进行标注。由于该建筑剖面图中两层的层高和尺寸分布一致，可以在标注完一层尺寸之后，将一层的尺寸标注线复制到二层即可。这样可以节约时间，减少绘图工作量。通过复制将第一道细部尺寸和第二道层高尺寸绘制完毕后，再使用“基线”标注命令，标注第三道总尺寸。

至此，建筑剖面图绘制完成，如图 6-22 所示。

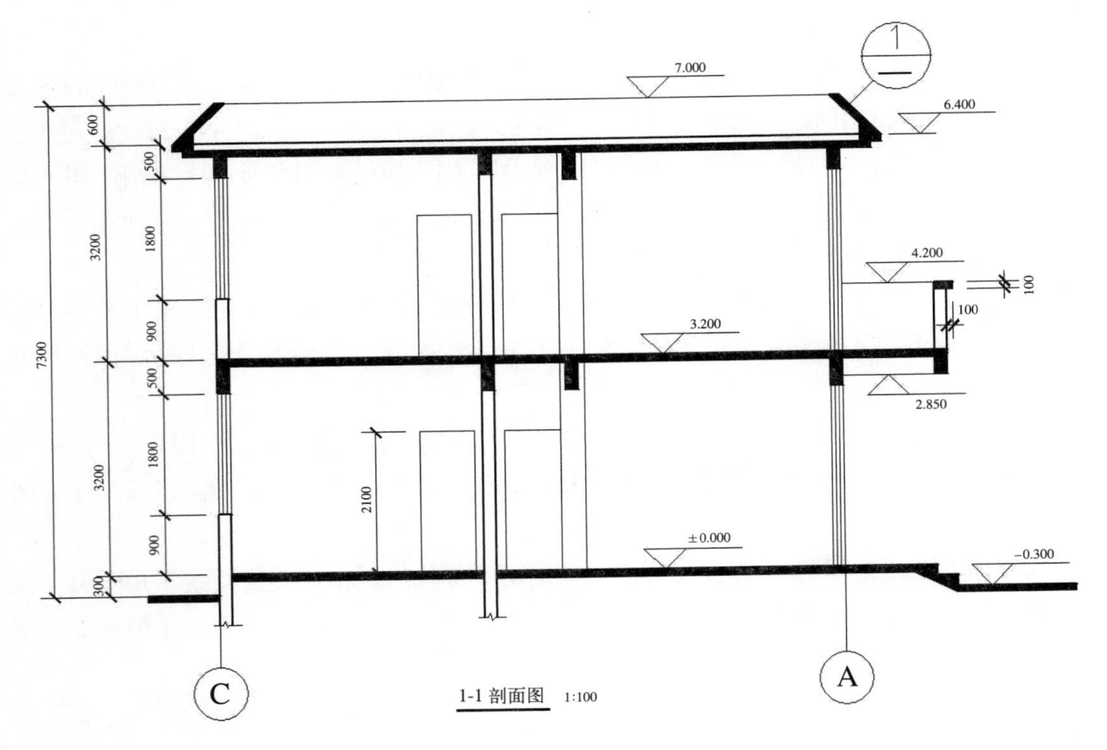

图 6-22 绘制尺寸标注和标高标注、轴线轴号、索引符号、图名等

【任务总结】

1. 对建筑剖面图的绘图步骤进行总结。

2. 对建筑剖面图中的索引符号、轴线轴号、标高标注和文字样式等的规范要求进行复习和巩固。

【任务拓展】

绘制如图 6-23 所示的建筑剖面图，未知尺寸在已有的尺寸上自定。

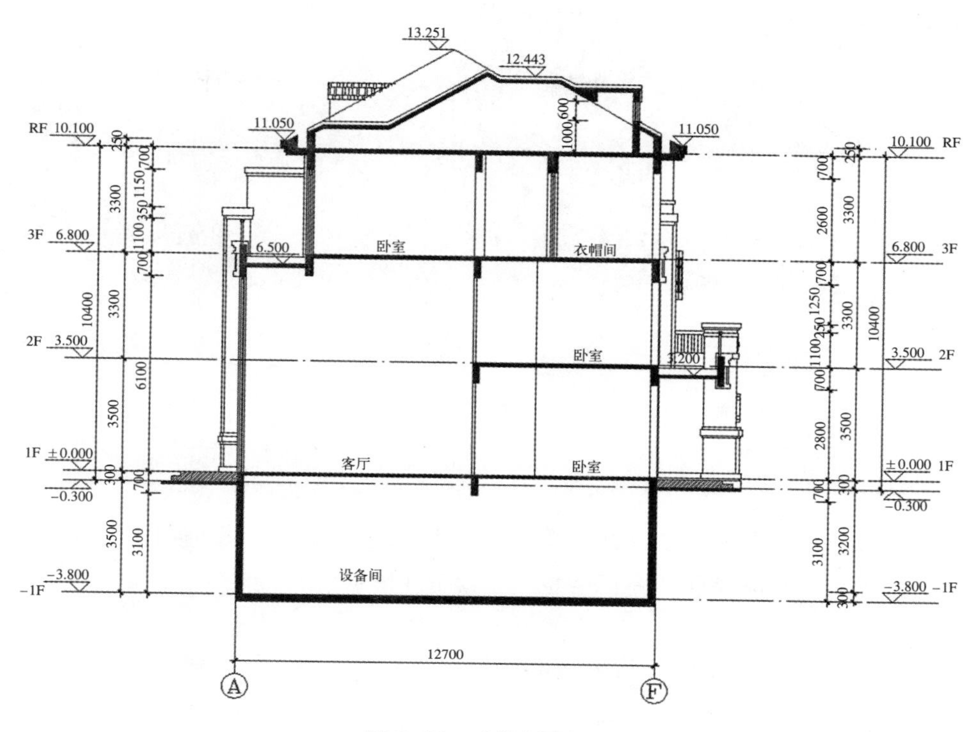

图 6-23 建筑剖面图

任务报告：

项目 7
绘制建筑详图

【项目描述】

建筑施工图除了平面图、立面图和剖面图等基本图外，还有详图。建筑详图是整套施工图中不可缺少的部分，主要分为以下 3 类：

构造详图：指屋面、墙身、墙身内外装饰面、吊顶、地面、地沟、地下工程防水、楼梯等建筑部位的用料和构造做法。配件和设施详图：主要指门、窗、幕墙、固定的台、柜、架、桌、椅等的用料、形式、尺寸和构造（活动的设施不属于建筑设计范围）。装饰详图：是指美化室内外环境和视觉效果，在建筑物上所做的艺术处理，如花格窗、柱头、壁饰、地面图案的花纹、用材、尺寸和构造等。

在熟悉制图规范和 AutoCAD 基本命令的基础上，掌握绘制建筑构造详图的方法，培养学生使用 AutoCAD 类软件的思维方法，主要给学生讲解绘图过程。具体命令操作过程，参考前面的项目，在此不再赘述。

任务 7.1　绘制卫生间平面大样图

【任务内容】

本任务以如图 7-1 所示的卫生间平面大样图为例，介绍卫生间平面大样图的绘制方法。

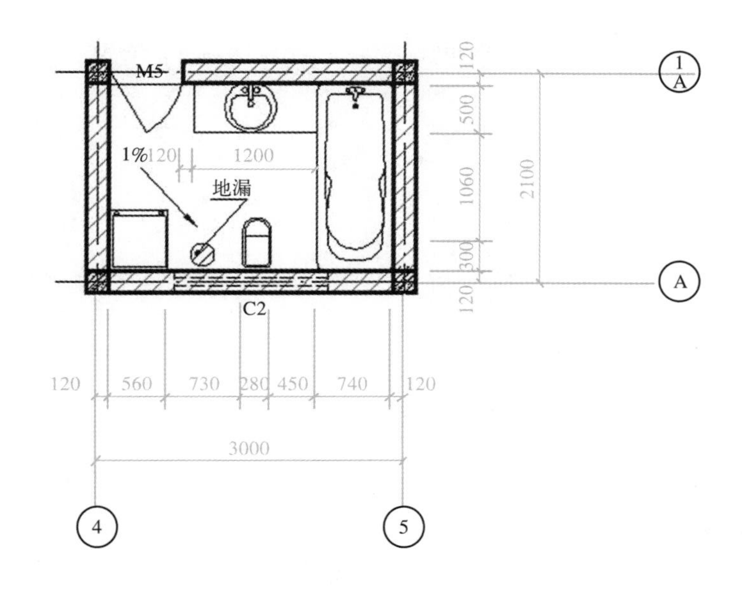

图 7-1 卫生间平面大样图

【任务分析】

绘制卫生间平面大样图时，要用到“图层”、“直线”、“多线”、“编辑多线”、“矩形”、“偏移”、“多段线”、“插入块”等绘图命令。绘图时先确定卫生间位置，接着绘制轴线和墙线，接着绘制柱子和门窗，再进行图案填充，然后绘制相关设备，最后进行标注。

【任务实施】

1. 设置绘图环境

设置绘图环境在此不再赘述。

2. 绘制辅助定位轴线

（1）将“轴线”层设置为当前层。打开正交模式（F8）。

（2）综合利用“直线”和“偏移”命令绘制定位轴线，确定卫生间位置，如图 7-2 所示。

3. 绘制墙身和柱子轮廓线

（1）分别设置“墙体”层和“柱子”层为当前层。

（2）综合利用“多线”、“矩形”命令，根据墙身尺寸，绘出墙身和柱子轮廓线，如图 7-3 所示。

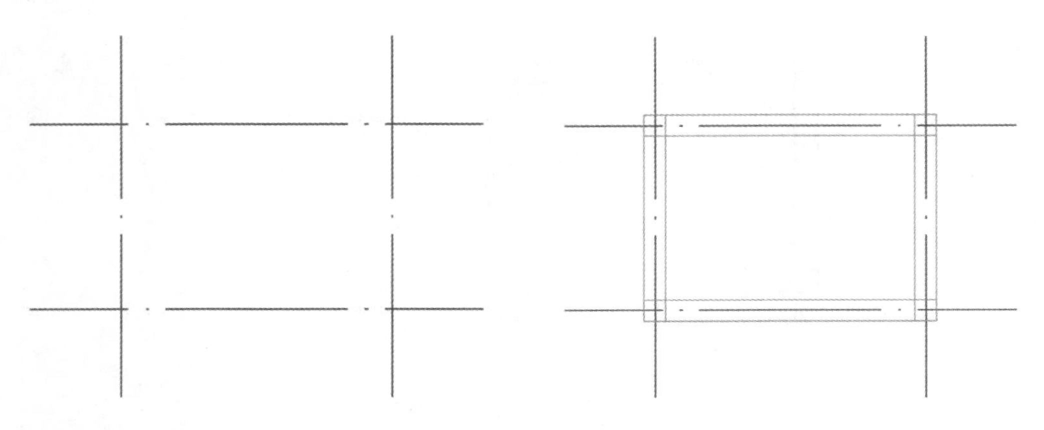

图 7-2　定位轴线　　　　图 7-3　墙身和柱子轮廓线

4. 绘制门、窗

（1）将“门窗”层设置为当前层。

（2）利用“分解”命令，选择所有的墙体，将其分解成线段。

（3）综合利用“直线”、“圆弧”、“偏移”、“修剪”命令开门窗洞口后，绘制出门和窗，如图 7-4 所示。

5. 图案填充

（1）将“填充”层设置为当前层，将轴线层关闭。

（2）利用“图案填充”命令，选择合适的图案，填充选中所有需填充的墙体和柱子区域，如图 7-5 所示。

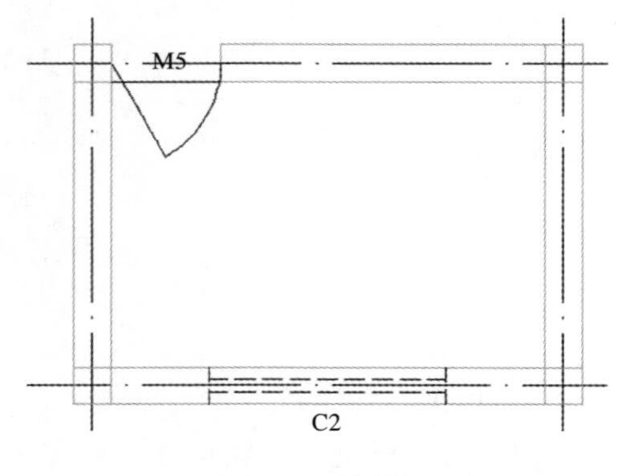

图 7-4　绘制门、窗

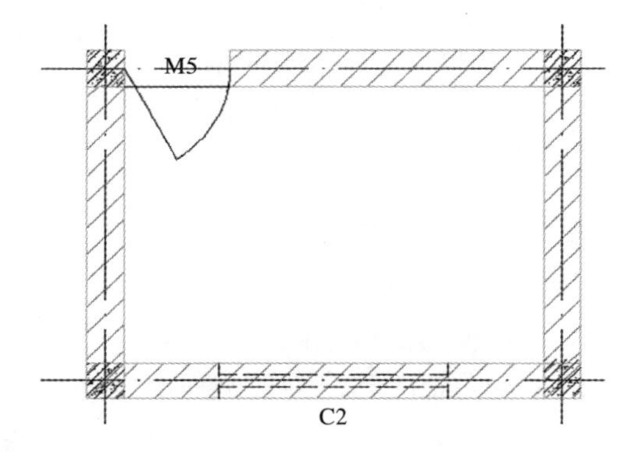

图 7-5　图案填充

6. 绘制设备

（1）将“设备”层设置为当前层。

（2）采用“插入块”命令，插入设备，如图 7-6 所示。

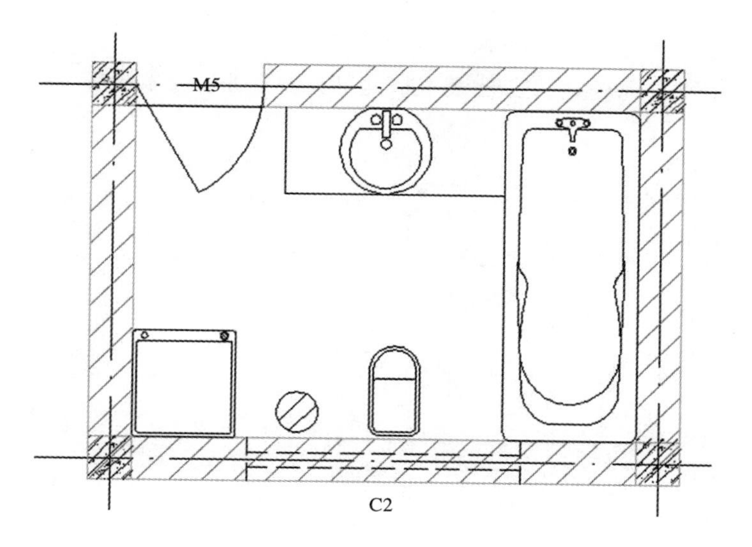

图 7-6　绘制设备

7. 尺寸标注

(1) 设置“尺寸标注”层为当前层。

(2) 利用“标注”工具栏中的标注命令为图形进行尺寸标注，并适当进行修改，结果如图 7-7 所示。

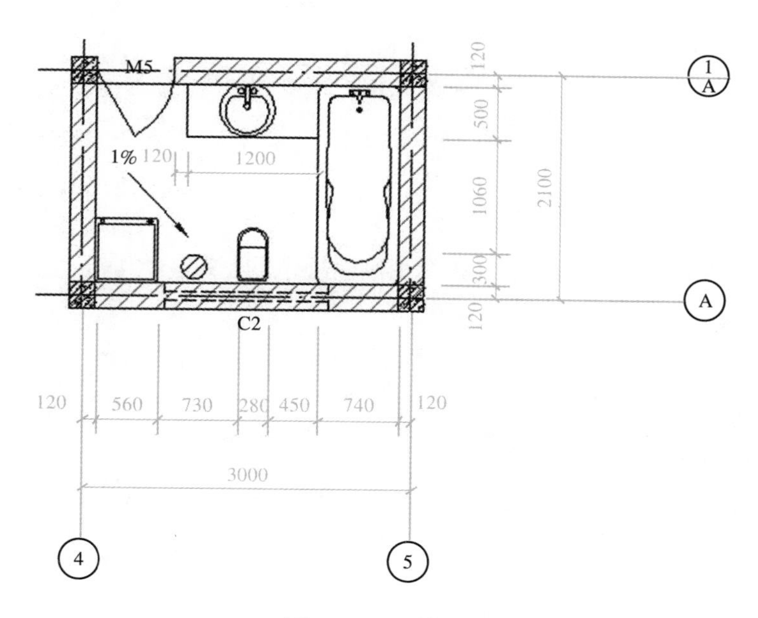

图 7-7　尺寸标注

8. 文字标注

(1) 设置“文字”层为当前层。

(2) 利用“单行文字”命令输入文字。

(3) 单击“移动”命令，将多行文本移动到如图 7-8 所示的位置。

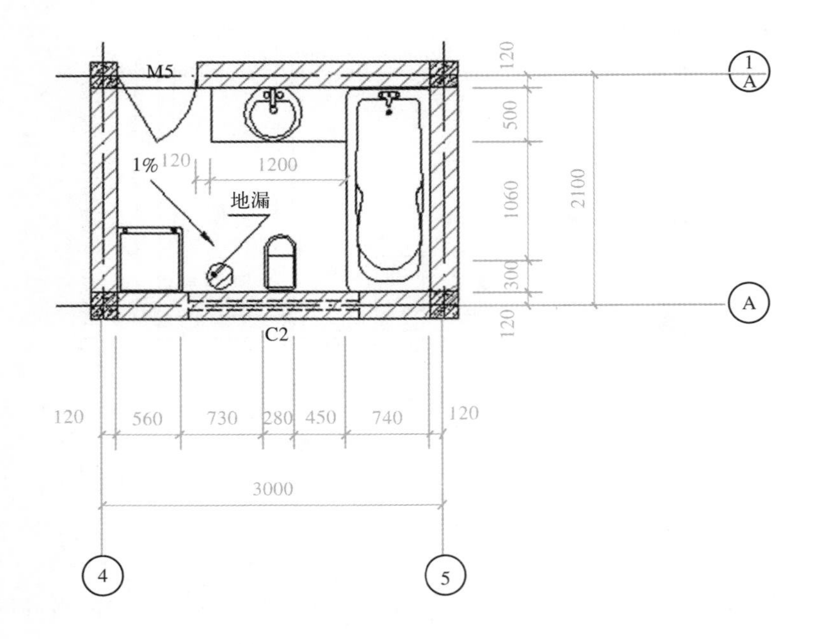

图 7-8 文字标注

9. 显示轴线和线宽结果得到如图 7-1 所示的效果

【任务总结】

1. 通过本任务的学习，要求学生在熟悉制图规范的基础上，掌握绘制卫生间平面大样图的方法。

2. 对于技能训练，要求学生能熟练使用 AutoCAD 软件，正确使用比例问题、线型确定、分层问题以及作图顺序，处理好这些问题，可以在以后绘制和修改图形的过程中省去许多不必要的麻烦。

3. 在绘制详图时，应积累和建立自己的详图图形库，尤其是重复利用率高的构造详图和配件设施详图。

【任务拓展】

完成如图 7-9 所示的某卫生间平面大样图的绘制。

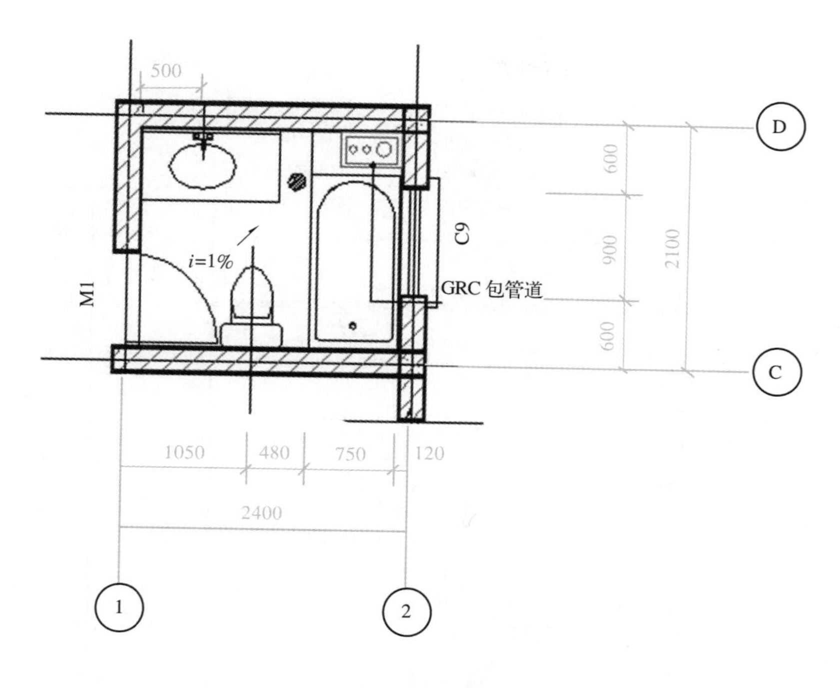

卫生间平面大样图　　1:50

图 7-9　某卫生间平面大样图

任务报告：

任务 7.2　绘制楼梯剖面大样图

【任务内容】

本任务以如图 7-10 所示的楼梯剖面图为例，介绍卫生间平面大样图的绘制方法。掌握“直线”、“图案填充”、“偏移”、“多段线”等命令的使用。

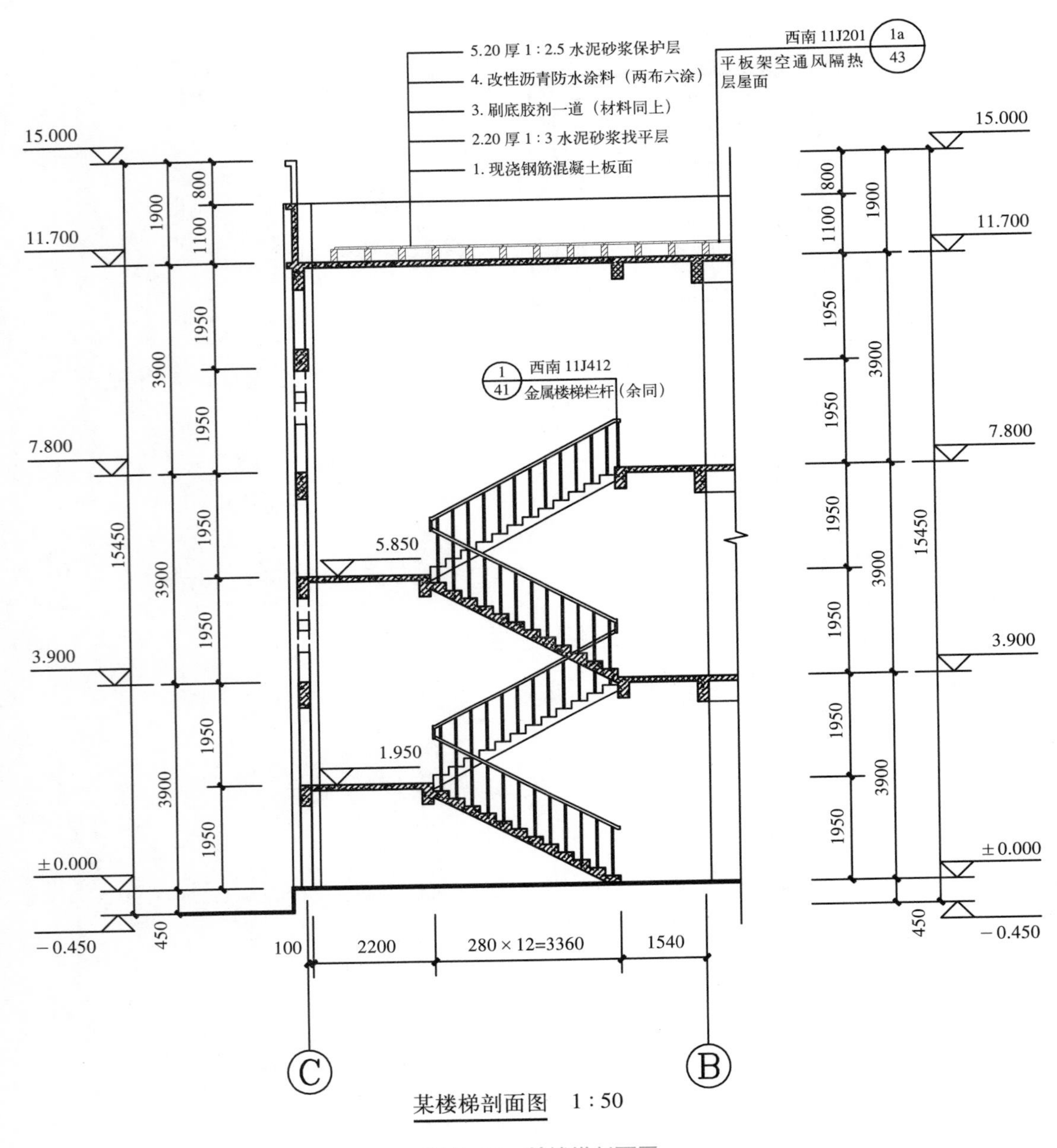

图 7-10 某楼梯剖面图

【任务分析】

绘制楼梯剖面详图时应根据平面图确定剖面楼梯的尺寸，先确定楼梯位置，接着绘制轴线和墙线，再绘制楼梯的踏步和休息平台，楼梯画完后，再使用填充命令，将剖切到的楼梯填充上材料，然后画楼梯栏杆和扶手，最后进行文字和尺寸的标注。

【任务实施】

1. 设置绘图环境

设置绘图环境在此不再赘述。

2. 绘制楼梯间的轴线，确定楼梯位置

（1）将“轴线”层设置为当前层。

（2）用“直线”命令绘制楼梯间的轴线，如图 7-11 所示。

3. 绘制地坪线、墙体轮廓线

（1）将“轮廓线”层设置为当前层。

（2）综合应用“多段线”或“直线”编辑命令画出地坪线和轮廓线，如图 7-12 所示。

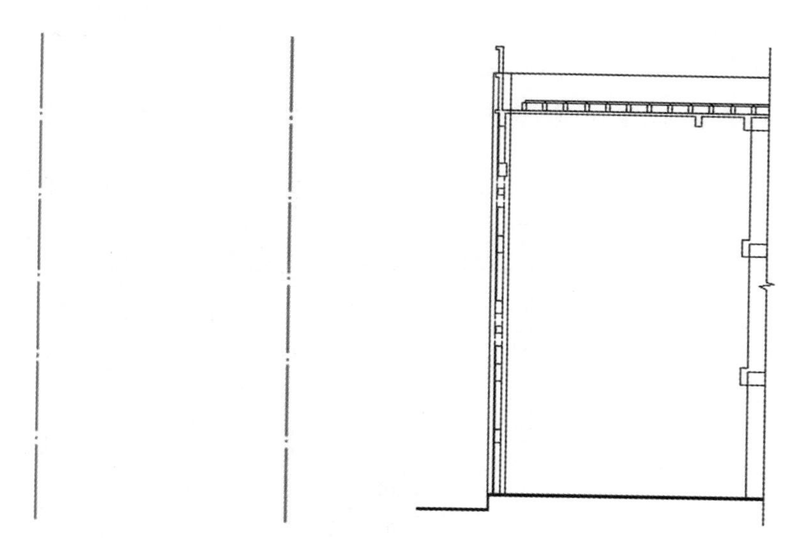

图 7-11　确定楼梯位置

图 7-12　绘制轮廓线

4. 绘制楼梯的踏步和休息平台

（1）将“楼梯”层设置为当前层。

（2）用“多段线”或“直线”命令画出楼梯的踏步和休息平台，如图 7-13 所示。

5. 绘制楼梯栏杆和扶手

（1）将“其他”层设置为当前层。

（2）用“多段线”或“直线”命令画出楼梯栏杆和扶手，如图 7-14 所示。

6. 使用图案填充命令将剖切到的楼梯、梁和板填充

（1）将“填充”层设置为当前层。

（2）利用“图案填充”命令，选择合适的图案，填充选中所有需填充的区域，如图 7-15 所示。

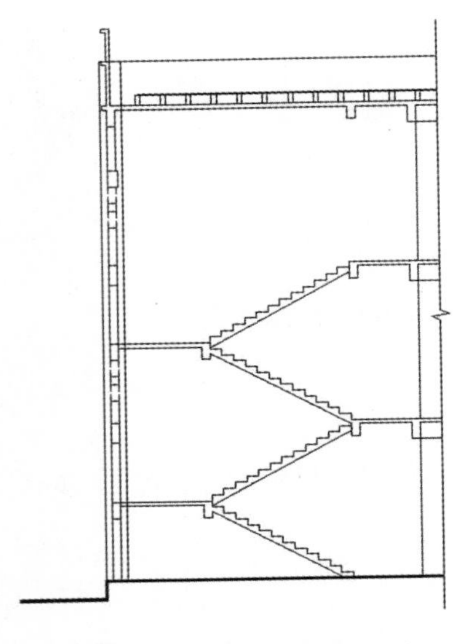

图 7-13　踏步和休息平台

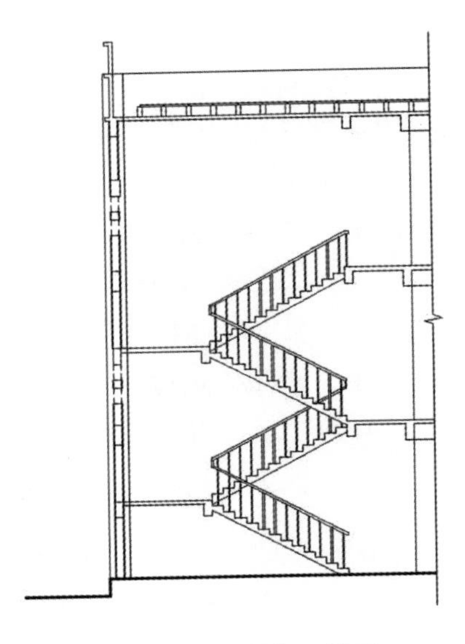

图 7-14　栏杆、扶手

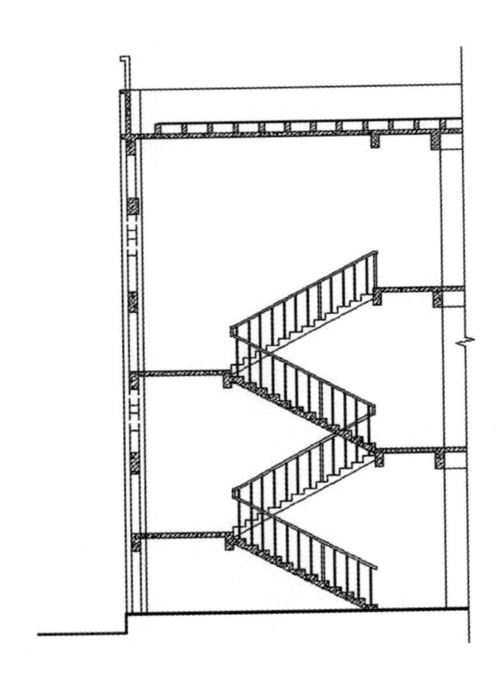

图 7-15　图案填充

7. 尺寸标注

（1）设置“尺寸标注”层为当前层。

（2）利用“标注”工具栏中的“标注”命令进行尺寸标注，并适当进行修改，结果如图 7-16 所示。

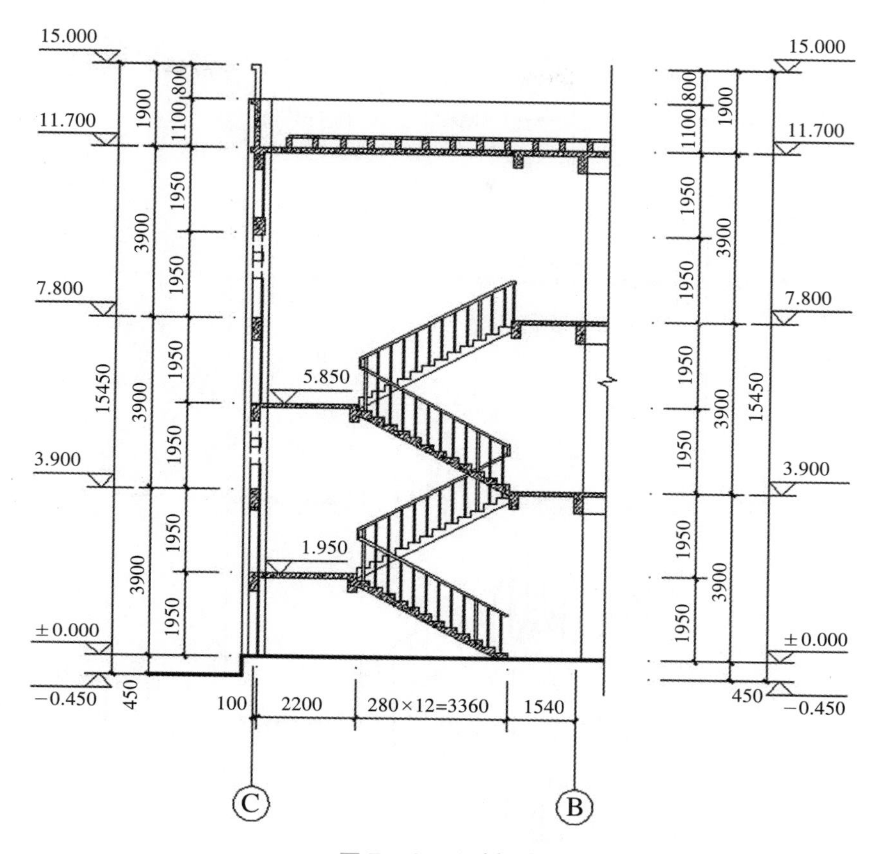

图 7-16　尺寸标注

8. 文字标注

（1）设置“文字”层为当前层。

（2）利用“单行文字”命令输入文字。

（3）单击“移动”命令，将多行文本移动到如图 7-17 所示的位置。

第九步：显示线宽结果得到如图 7-10 所示的效果。

【任务总结】

1. 通过本任务的学习，要求学生在熟悉制图规范的标准上，掌握绘制楼梯剖面详图的方法。

2. 剖面图上的线型、线宽、图例及标注严格按照制图规范表示。

3. 楼梯剖切到的部分有梯段、楼梯平台、栏杆等。按制图规范规定，剖切到的梯段和楼梯平台以粗实线表示，能观察到但未被剖切到的梯段和楼梯栏杆等用细实线绘制。如果绘图比例大，剖切到的梯段和楼梯平台中间应填充材质，因此可以根据出图比例指定宽度，用“直线”或“多段线”命令绘制出剖切到的踏步，先绘制一个踏步，然后用多重复制的方法依次复制，最后形成整个剖切梯段。

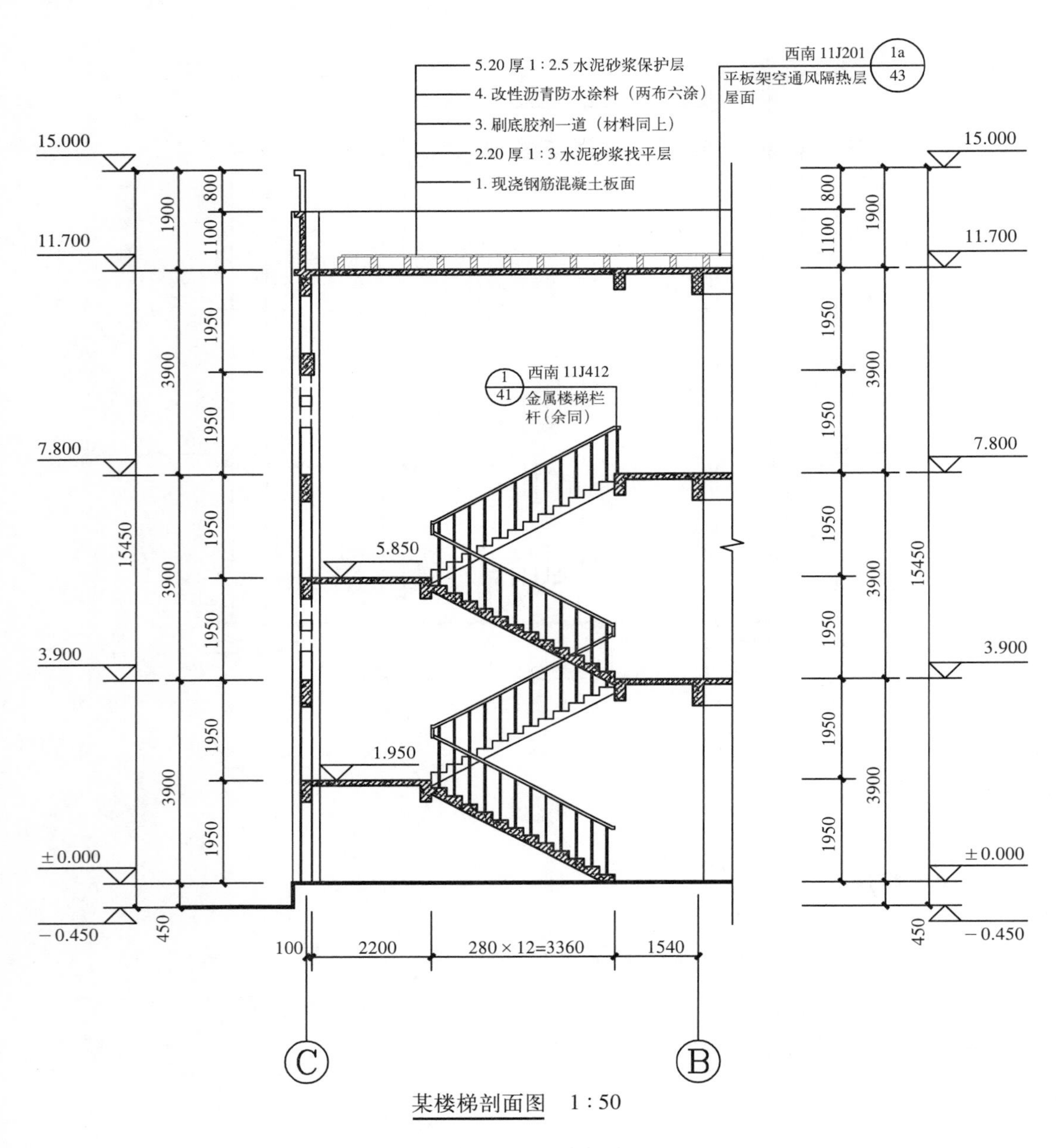

图 7-17 文字标注

【任务拓展】

完成如图 7-18 所示的楼梯剖面大样图的绘制。

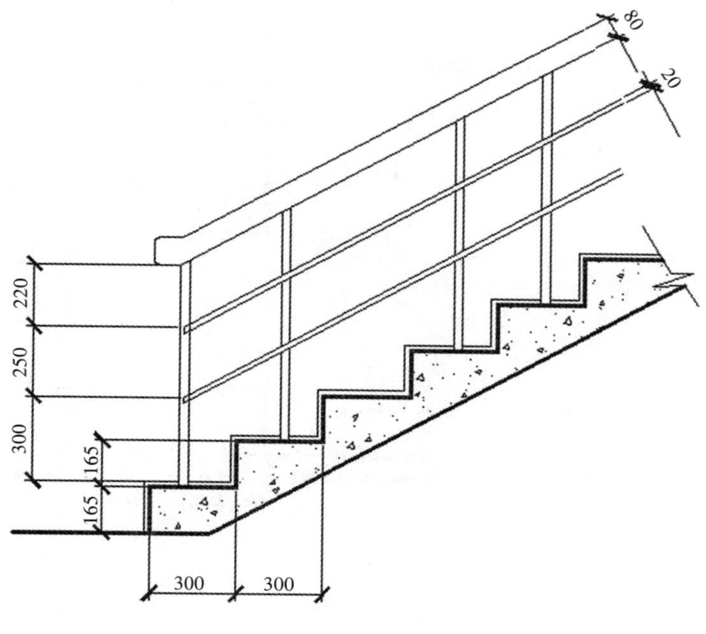

图 7-18　楼梯剖面大样图

任务报告：

任务 7.3　绘制墙体大样图

【任务内容】

本任务以如图 7-19 所示的女儿墙大样图为例，介绍女儿墙大样图的绘制方法。

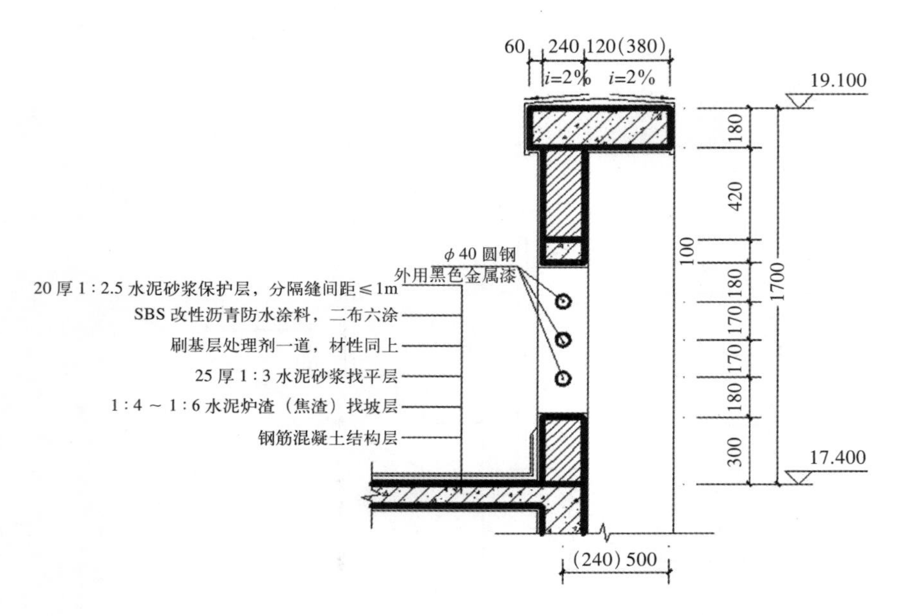

图 7-19 女儿墙大样

【任务分析】

墙身详图实质上是建筑剖面图中外墙身部分的局部放大图。绘制女儿墙大样图时应根据任务要求综合使用“直线”、“多段线”命令，先绘制轴线和墙线，墙体轮廓线画完后，再使用“图案填充”命令，填充上材料，然后画出结构层，最后进行文字和尺寸的标注。

【任务实施】

1. 设置绘图环境

设置绘图环境在此不再赘述。

2. 绘制墙体轮廓线

（1）将“墙体”层设置为当前层。

（2）利用“多段线”绘制水平线和竖直线各一条，根据墙身尺寸，使用偏移命令，绘出墙身轮廓线，如图 7-20 所示。

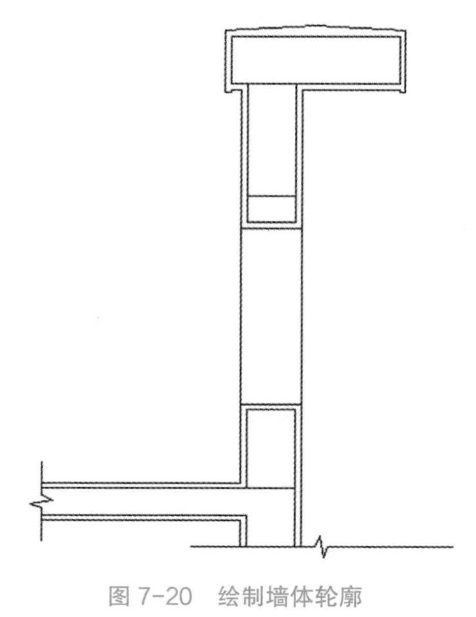

图 7-20 绘制墙体轮廓

3. 使用图案填充命令对墙体进行填充

（1）将“填充”层设置为当前层。

（2）利用“图案填充”命令，选择合适的图案，填充选中所有需填充的区域，如图 7-21 所示。

4. 绘制女儿墙的结构层

（1）将“结构层”设置为当前层。

（2）综合利用“直线”和“修剪”命令绘制出结构层，如图 7-22 所示。

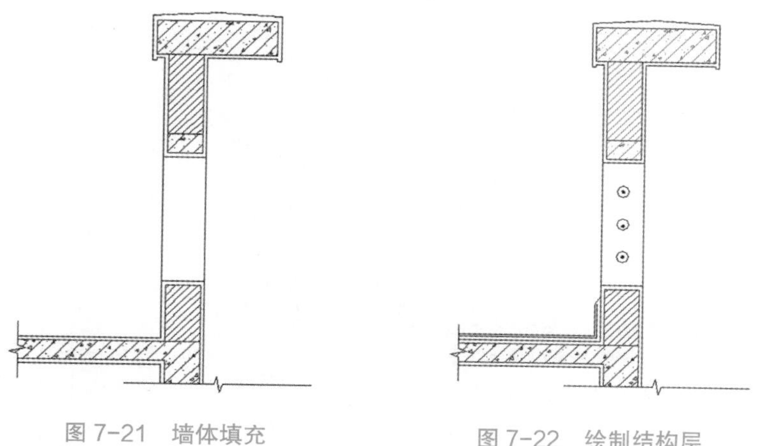

图 7-21　墙体填充　　　　图 7-22　绘制结构层

5. 尺寸标注

（1）设置“尺寸标注”层为当前层。

（2）利用“标注”工具栏中的标注命令为图形进行尺寸标注，并适当进行修改，结果如图 7-23 所示。

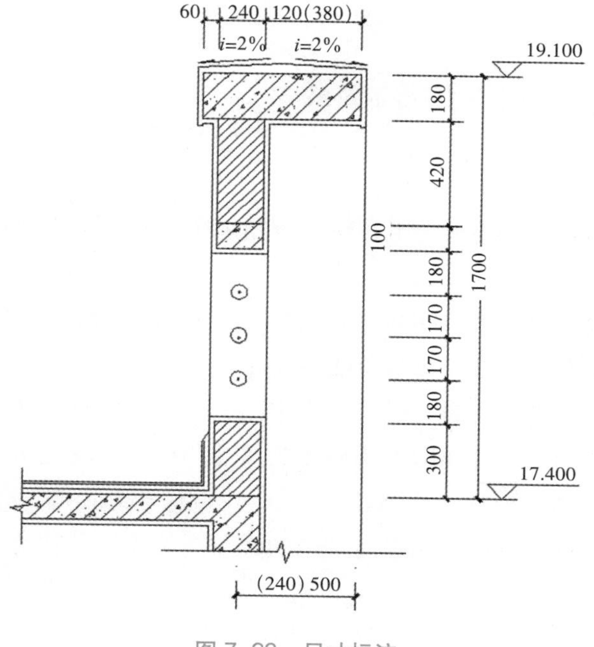

图 7-23　尺寸标注

6. 标注文字

(1) 设置“文字”层为当前层。

(2) 利用“单行文字”命令输入文字。

(3) 利用“移动”命令，将多行文本移动到如图 7-24 所示的位置。

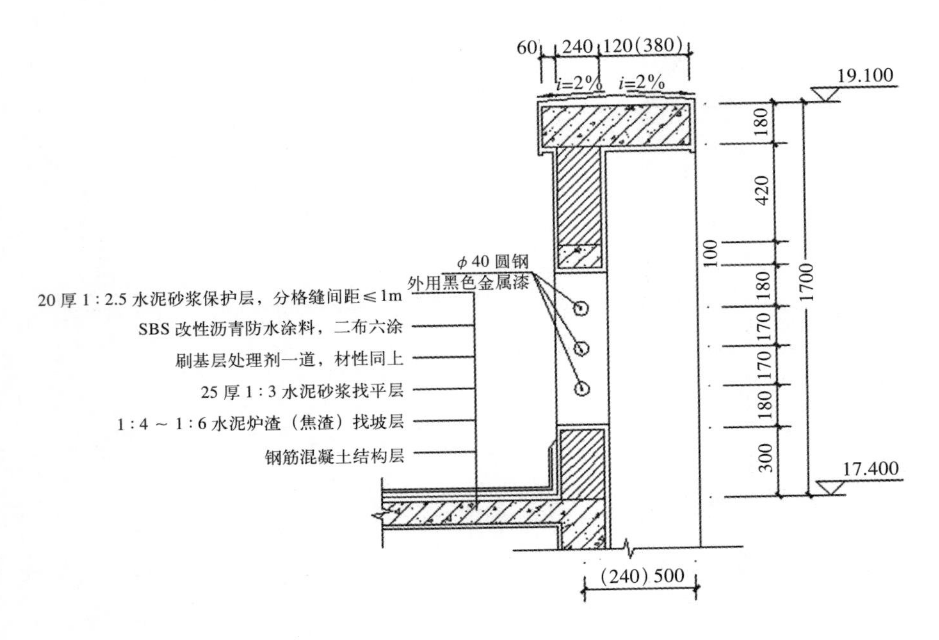

图 7-24 文字标注

7. 显示线宽，得到如图 7-19 所示效果

【任务总结】

1. 通过本任务的学习，要求学生在熟悉制图规范的标准上，掌握绘制建筑墙体详图的方法。

2. 墙身详图一般采用 1 : 20 的比例绘制，要表示出墙体的厚度及构造层次和做法，各部位的标高、高度方向的尺寸和墙身细部尺寸。

3. 墙身详图的线型与剖面图一样，但由于比例较大，所有内外墙应用细实线画出粉刷线以及标注材料图例。墙身详图上所标注的尺寸和标高，与建筑剖面图相同，但应标出构造做法的详细尺寸。

4. 在绘制大样图时，应积累和建立自己的详图图形库，尤其是重复利用率高的构造详图和配件设施详图。

【任务拓展】

完成如图 7-25 所示的某女儿墙大样图的绘制。

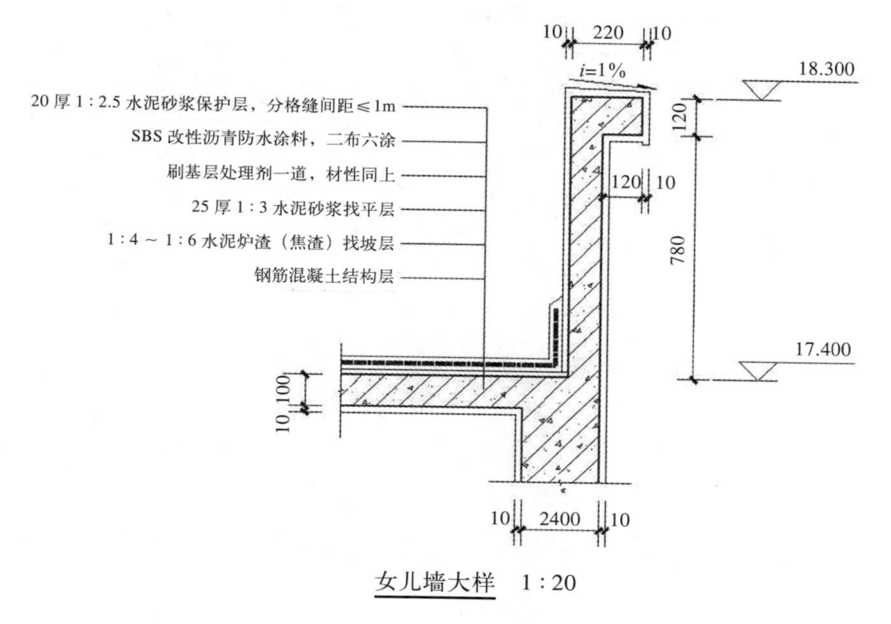

图 7-25 某女儿墙大样图

任务报告：

项目 8
布局与打印输出

【项目描述】

在 AutoCAD 中完成了图纸的绘制工作后，最后一项工作就是对图纸进行排版布局和输出打印。这个过程是将电脑中的图形文件转变成纸质的图纸，或者转变成其他形式的文件，以便于进一步地使用。要把绘制好的图形完整、规范地打印出来，还需要在打印前做好布局和页面设置、打印设置等准备工作。

任务 8.1　布局图纸

【任务内容】

1. 使用布局对图纸进行排版。
2. 在布局中进行页面设置。

【任务分析】

1. 充分使用布局空间的页面设置，以达到想要的图纸布局排版效果。
2. 能进行视口的设置。

【任务实施】

1. 模型空间与布局空间

在 AutoCAD 中，有模型空间和布局空间。模型空间是在实际工作中一般用来绘图的空间。可以把模型空间看作是一个无限的空间。无论是二维图形或是三维图形，都可以在模型空间里面进行绘制。在模型空间进行绘图工作更加方便，不必优先考虑打印的设置和页面设置等内容。

布局空间也称为图纸空间，是用来设置绘图环境的一种工具。一个布局就可以看作是一张图纸。布局空间主要用于进行图纸的图幅设置、页边距设置、创建和编辑视口、设置绘图比例等。在布局空间中，也可以进行各种绘图命令的操作。

如果要将很多幅比例大小不等的图形打印在同一张图纸上。此时使用布局空间就十分方便。在布局空间中，可以预先设置纸张大小、非打印区域、视口大小，并把需要打印的图形实体按不同的倍数扩大或缩小后放入不同的视口中，使得每个图形都在视口中按照设定的比例显示。最终打印出布局，就可以得到相应比例的图纸。

对于模型空间和布局空间的区别和联系，可以把模型空间想象成一张无限大的图纸。因为无限的空间可以容纳大体量的建筑，因此在模型空间中，按 1∶1 的比例进行绘图。

布局空间就相当于一张实际的图纸，例如 A1、A2、A3 等图幅大小。在布局空间内建立视口，目的是将模型空间的图形显示在布局空间中。通过不同视口的属性和显示比例，可以将模型空间中的图形按照一定的比例缩放到最终打印出的图纸上。

在模型空间和布局空间中，都可以建立多个视口，以设定不同的视图方向，如主视、俯视、右视、左视等。

（1）模型空间

1）每个视口都包含对象的一个视图。例如：设置不同的视口会得到俯视图、正视图、侧视图和立体图等。视口是平铺的，它们不能重叠，总是彼此相邻。

2）在某一时刻只有一个视口处于激活状态，十字光标只能出现在一个视口中，并且也只能编辑该活动的视口。

3）只能打印活动的视口。如果 UCS 图标设置为 ON，该图标就会出现在每个视口中。

（2）布局空间

1）视口的边界是实体，可以删除、移动、缩放、拉伸视口。

2）视口的形状没有限制。例如：可以创建圆形视口、多边形视口等。

3）视口不是平铺的，可以用各种方法将它们重叠、分离。

4）每个视口都在创建它的图层上，视口边界与层的颜色相同，但边界的线型总是实线。出图时如不想打印视口，可将其单独置于一图层上，冻结即可。

5）可以同时打印多个视口。

6）十字光标可以不断延伸，穿过整个图形屏幕，与每个视口无关。

2. 布局页面设置

首先，在 AutoCAD 操作界面的左下方选择“布局 1”，进入图纸空间，如图 8-1 所示。

图 8-1　布局 1

图 8-1 中的白色区域即为虚拟的图纸部分。图纸中间显示的实线框范围叫视口。默认状态下，一个布局空间只存在一个视口。视口是在图纸空间中显示模型空间图形的一个窗口。可以把它想象成在图纸上打开了一扇虚拟的“窗口”。通过这个“窗口”，可以看到三维的模型空间中存在的图形图像。视口的形状、大小可以随意变换，不影响视口中显示的图形本身。在布局空间中，同样也可以对图形进行绘制。

对布局空间中的虚拟图纸本身进行设置和操作，可以在“页面设置管理器”中进行。右击操作界面左下方的“布局 1”，则会弹出菜单，如图 8-2 所示。

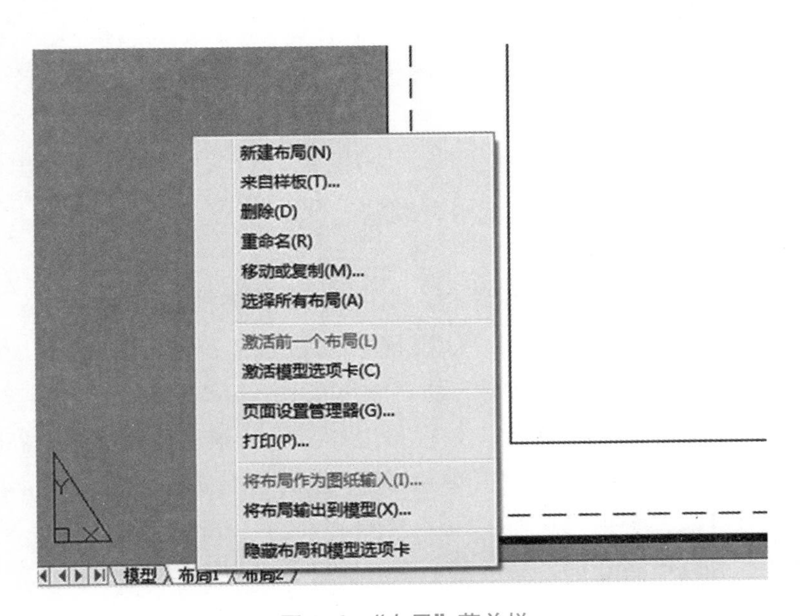

图 8-2　“布局”菜单栏

同样也可以在 AutoCAD 操作界面上方的“文件”下拉菜单中找到“页面设置管理器”进行选择，如图 8-3 所示。

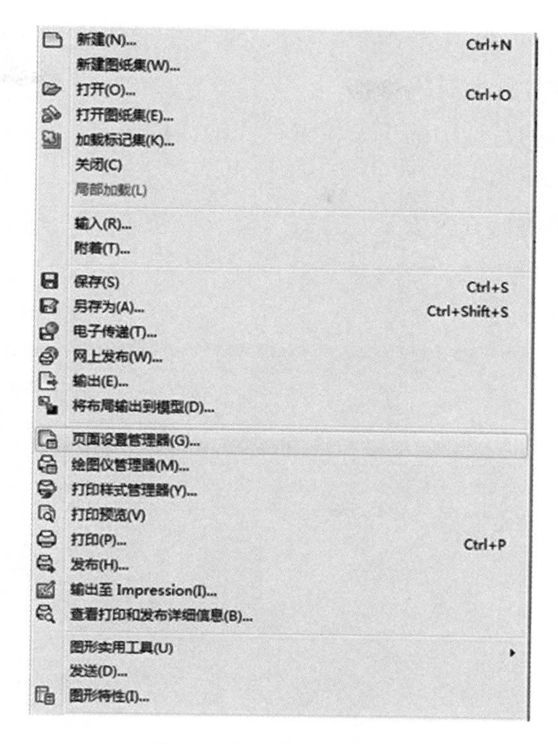

图 8-3 “文件”菜单栏

通过上述两种方法，进入“页面设置管理器”后，系统弹出的窗口如图 8-4 所示。

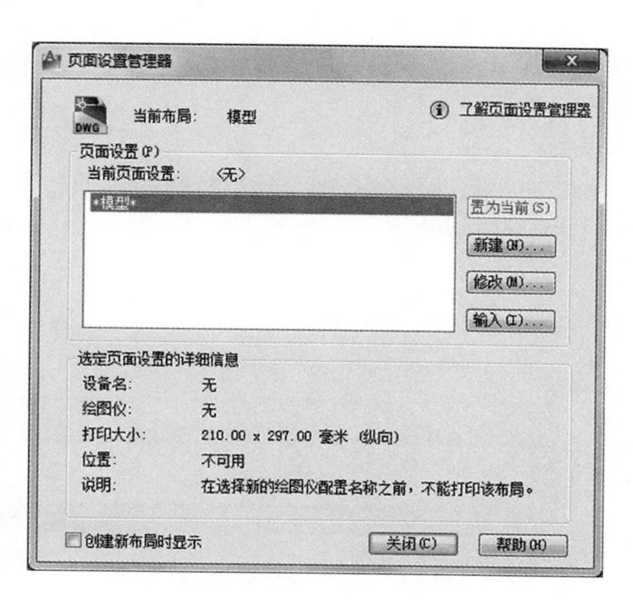

图 8-4 页面设置管理器

在“页面设置管理器”当中，系统会显示出当前图形文件中已有的页面设置样式。

默认状态下，AutoCAD 只有一个“模型”页面设置。可以在“页面设置管理器”中对页面设置样式进行新建、修改等操作。

对话框的下方显示的是选中的页面设置样式的详细信息，包括设备名、绘图仪、打印纸张大小、位置和说明等。

若要对已有的布局进行修改设置。点击“修改”按钮，则系统弹出“页面设置”窗口，如图 8-5 所示。

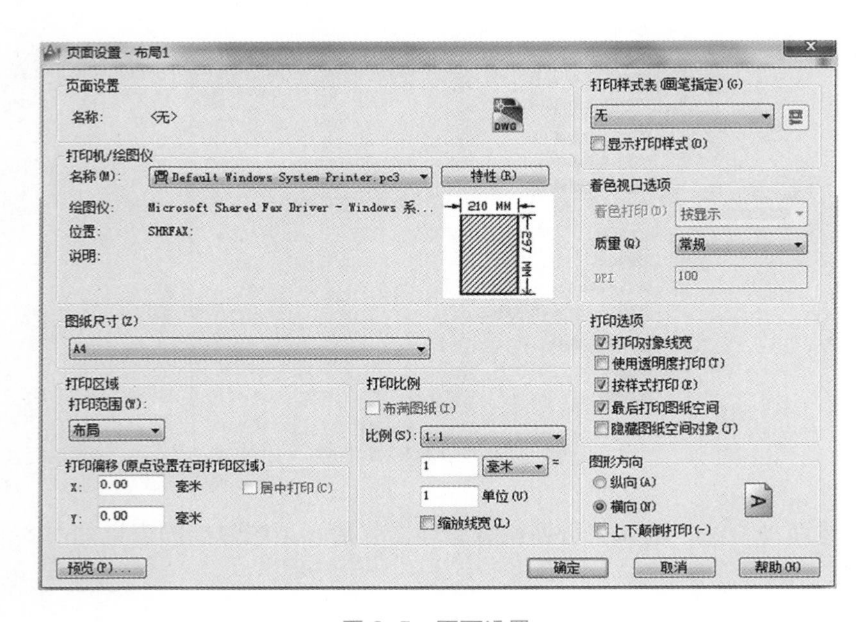

图 8-5　页面设置

3. 设置打印输出设备

在“页面设置”窗口中，可以预先对图纸输出打印的各种参数进行设置。例如选择“打印机 / 绘图仪”名称的下拉菜单，可以预先选定想要的打印输出设备，如图 8-6 所示。

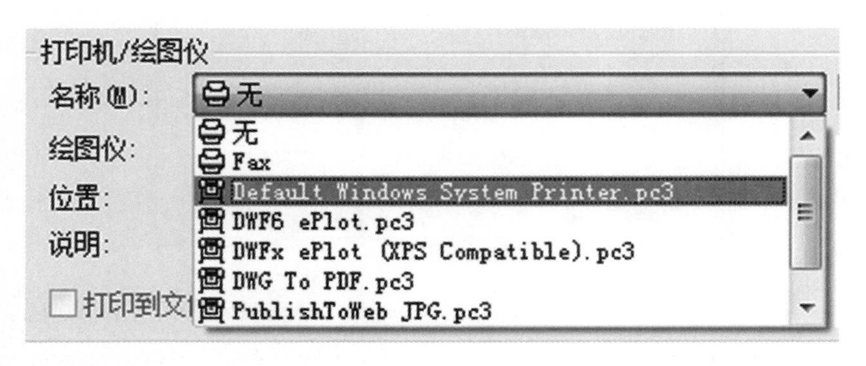

图 8-6　打印机 / 绘图仪

确定打印机或绘图机的配置后，下拉菜单右侧的“特性”可以打开“打印机配置编辑器”，对打印输出设备做进一步的设置。

4. 设置图纸尺寸

在“图纸尺寸”下拉菜单中，可以选择图纸尺寸。点击“图纸尺寸”下拉菜单，如图 8-7 所示。

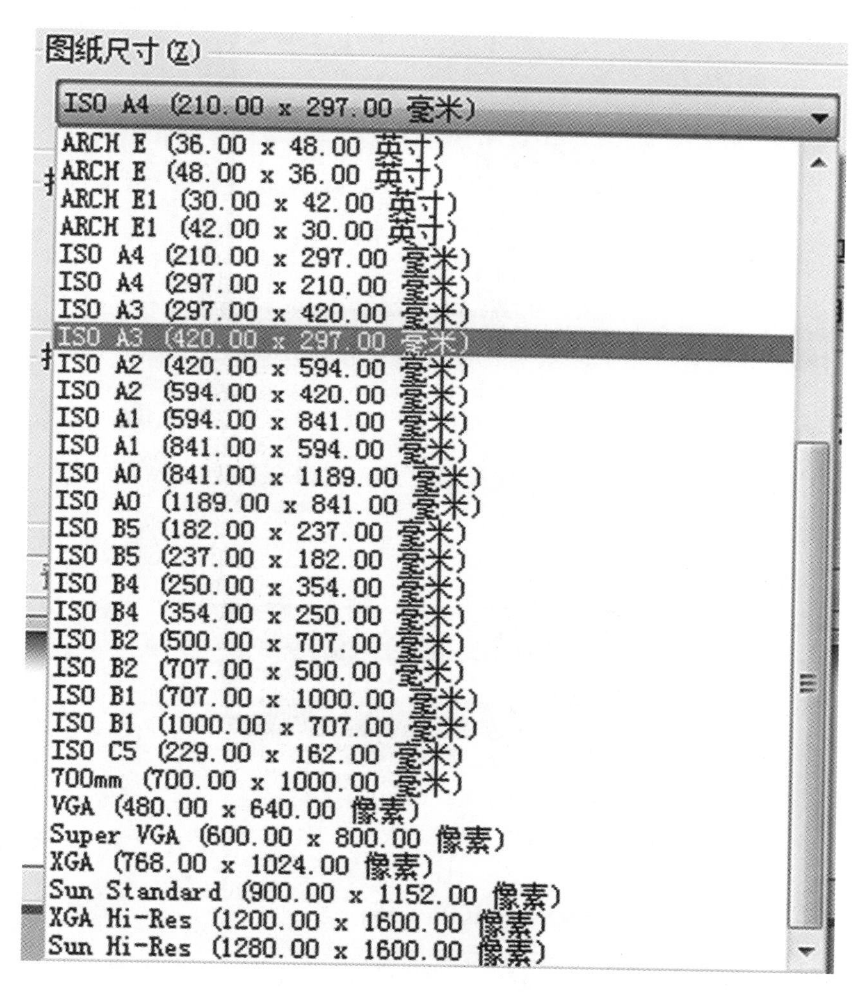

图 8-7 图纸尺寸

根据实际绘图的需要，可以选择 A2、A3 等标准图幅纸张的大小。同时 AutoCAD 中的绘图仪也会提供一些其他尺寸的图幅供用户选择。一般情况下，建筑工程图纸使用的是 A0、A1、A2、A3 等标准图幅纸张。

5. 设置打印比例

设置打印比例，在“比例”下拉菜单中选择比例，同时设定好比例中的单位。一般在布局中，通常将打印比例设置为 1 : 1，单位为“mm”，如图 8-8 所示。

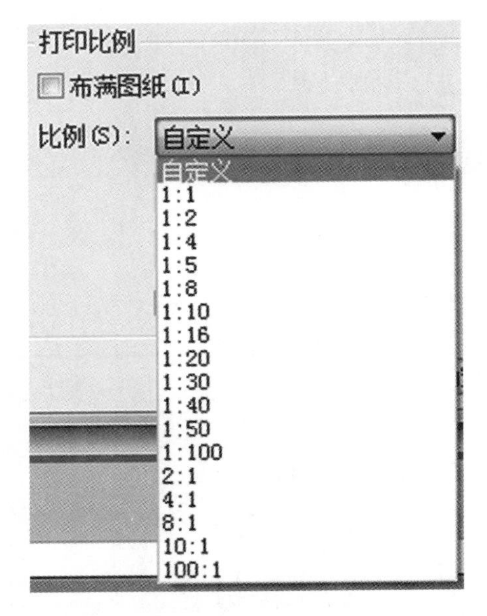

图 8-8　打印比例

6. 设置打印样式

在页面设置的右上方，进行打印样式的设置。这样有利于进行下一步的出图打印工作，如图 8-9 所示。

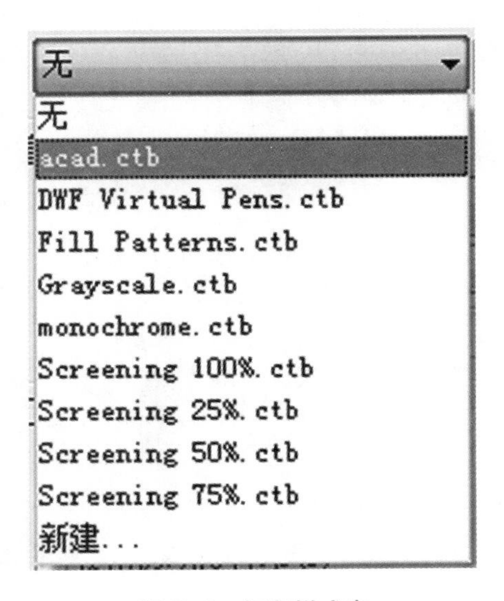

图 8-9　打印样式表

打印样式可以根据出图的需要进行设置。例如打印黑白图样选择 monochrome.ctb 打印样式。选择样式后，还可以点击“编辑”按钮，打开“打印样式表编辑器”，在该对话框中编辑打印样式的有关参数，如图 8-10 所示。

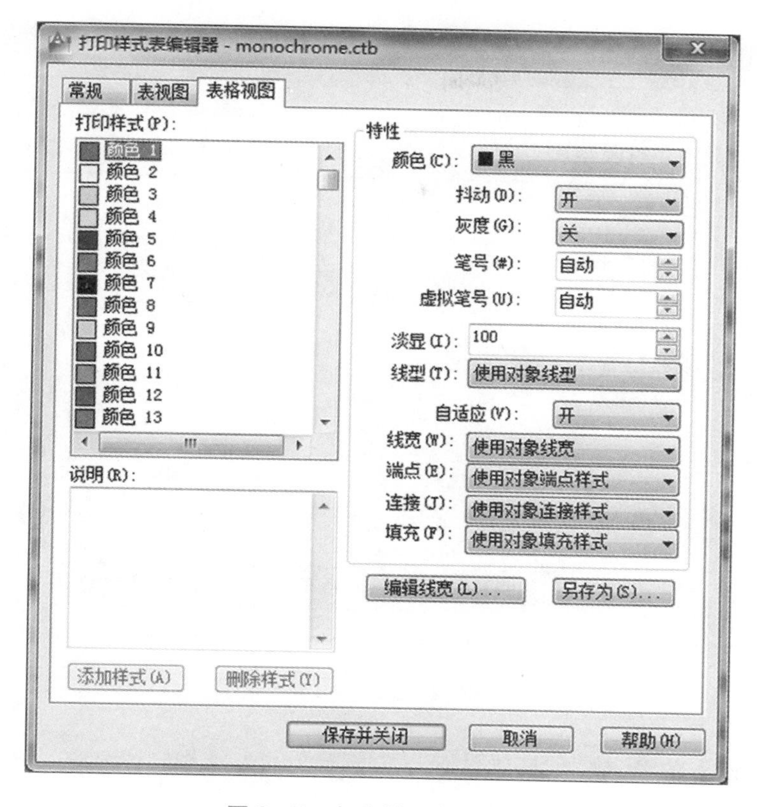

图 8-10　打印样式表编辑器

7. 设置图形方向

在页面设置右下方还可以设置图形方向，方便调整图纸的横竖摆放，如图 8-11 所示。

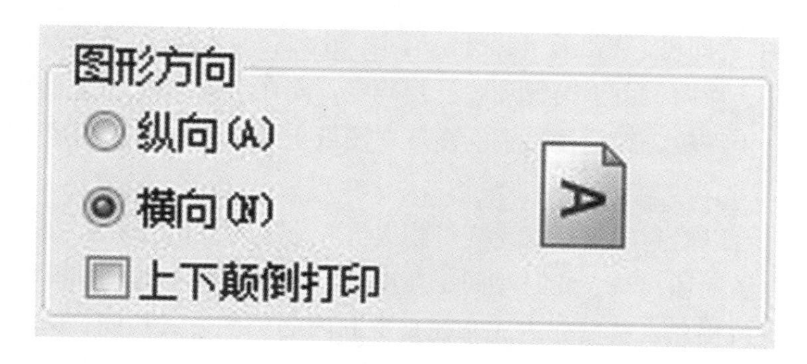

图 8-11　图形方向

8. 新建页面设置

当需要新建页面设置时，同样可以在页面设置管理器中进行操作。在“页面设置管理器”的对话框中选择“新建”，弹出的窗口如图 8-12 所示。

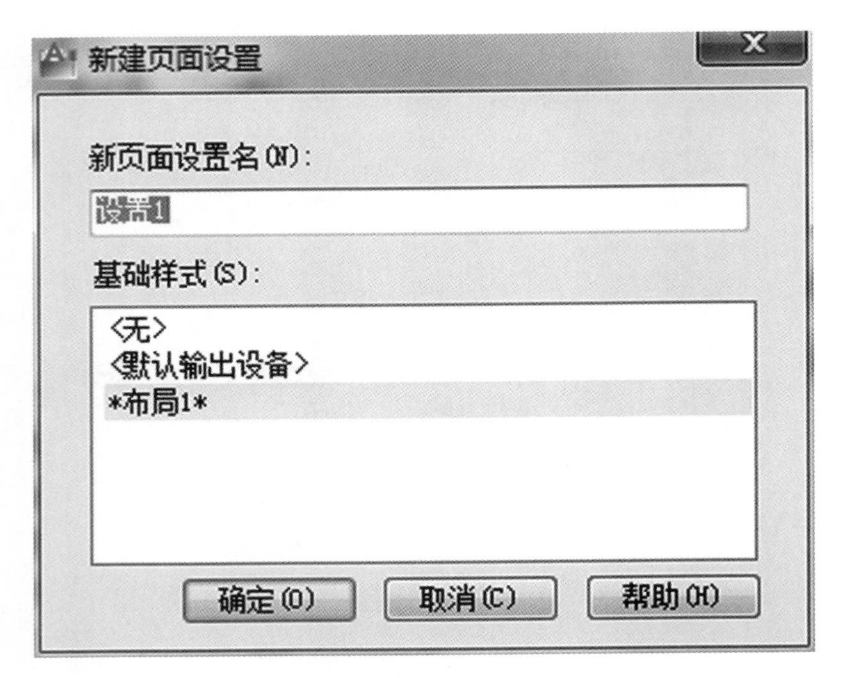

图 8-12　新建页面设置

新建页面设置命名之后，具体设置方法与上文的方法相同。

9. 视口设置

将布局的页面设置完成之后，可以对布局中的视口进行操作。如果布局只需要一个视口，则可以直接使用布局 1 中默认的视口。为了方便操作和观看，可以将视口的范围放大一些。无论视口的范围多大，都不会影响到视口中的图形。视口可以理解为一个虚拟窗口。

在之前的步骤中，已经设置好了即将布局的页面设置。例如打印机选择了 Canon Bubble-Jet BJ-330 打印机，图纸尺寸设为 A3，图形比例 1∶1，打印样式为 monochrome.ctb 样式，图形方向为横向。由于图纸尺寸已经确定，而在布局的视口中，图形的大小可以利用鼠标滚轮自由调整。因此视口中的图形在图纸上显示出来的比例是不确定的，如图 8-13 所示。

在布局中，可以看到的实线框为视口的边界和虚拟图纸的边界。双击视口实线框内的范围，就可以激活该视口。此时等同于在图纸空间的视口内进入了模型空间，对视口内显示的图形进行操作，其操作方式和模型空间内的绘图方式相同；双击视口实线框外的范围，则回到了布局的图纸空间，只能对视口的位置、形状和范围进行操作，不能影响视口内显示的图形。

为了按照准确的比例进行出图打印，可以通过直接控制视口来设定。设图纸的出图比例为 1∶100。这时候要对视口的特性进行设置。选取视口的实线框，即选定该视口，如图 8-14 所示。

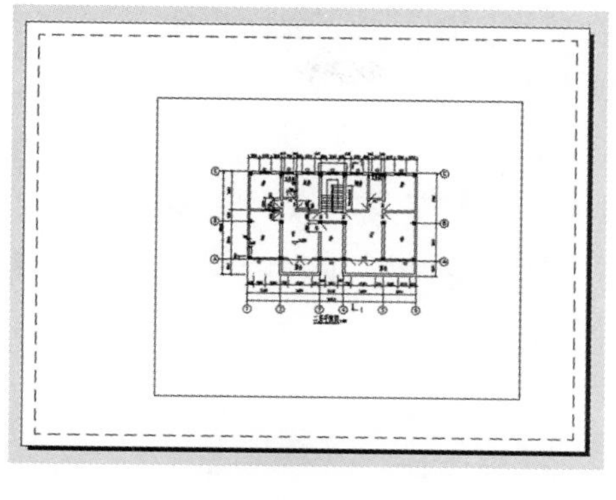

图 8-13　布局

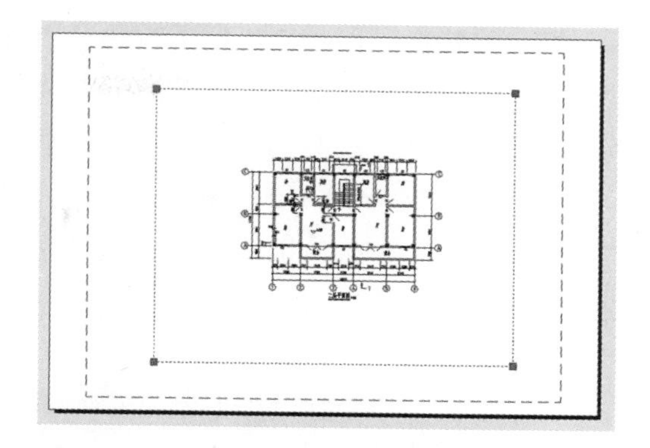

图 8-14　选定视口

执行“特性”命令，可以看到视口的特性窗口，如图 8-15 所示。

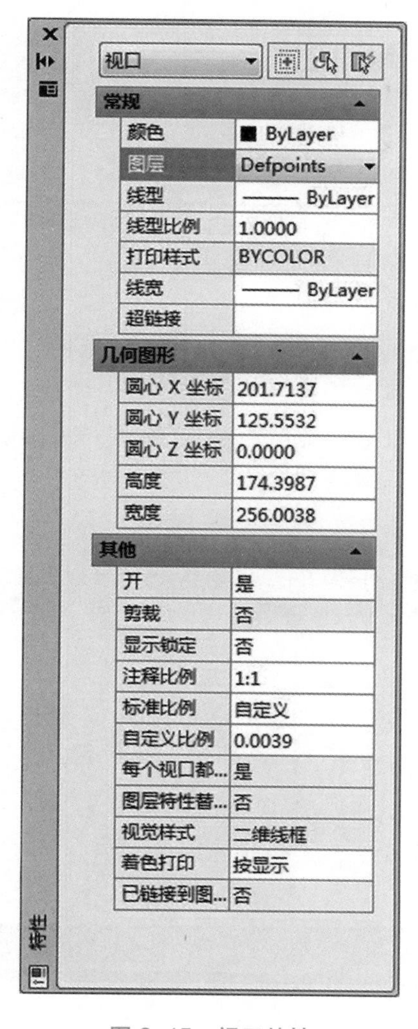

图 8-15　视口特性

在视口的特性管理中，主要关注两个内容：“自定义比例”和“显示锁定”。

图中显示的自定义比例为当前状态下视口内图形缩放的实际比例。通过控制自定义比例，就能够达到控制布局中图纸实际缩放比例的目的。

点击“自定义比例”选项框，则右侧的比例变为文本编辑状态。此时按照 1 : 100 将“自定义比例”改为 0.01 后，视口中的图形就会按照对应 A3 虚拟图纸的大小，自动缩放为 1 : 100 的比例，如图 8-16 所示。

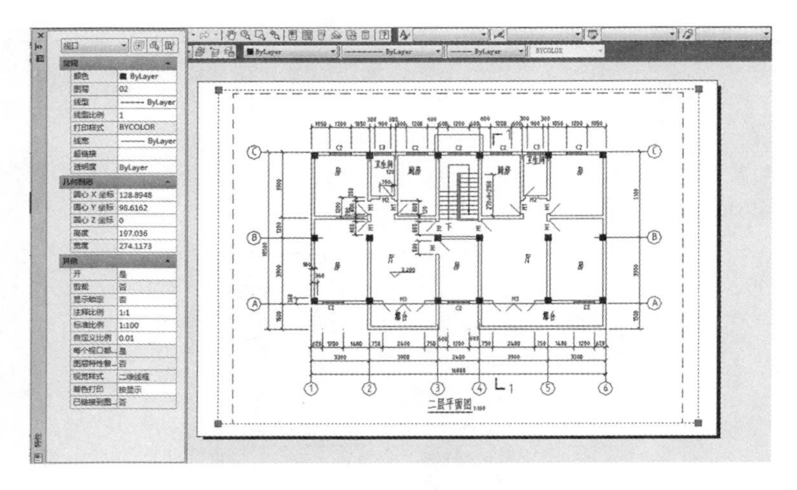

图 8-16　自定义比例视口

此时，图纸的按比例布局已经完成。若要预览该布局的出图打印效果，可以在如图 8-5 中所示的“页面设置”对话框中选择“预览”。

点击对话框左下角的“预览”按钮后，系统会自动显示当前设置下的打印预览效果，如图 8-17 所示。

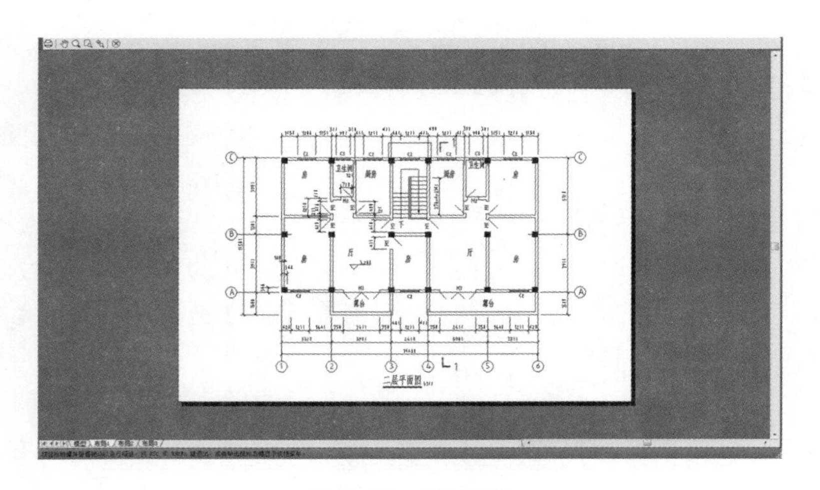

图 8-17　打印预览

由于在之前的步骤中，已在布局的页面设置管理器里将打印样式设置为 monochrome.ctb 样式，因此彩色的图形在出图打印时将会变成黑白图样。

另外需要注意的是，在布局空间中，视口的边界同样是可以打印的。因此，如果要隐藏视口的边界，可以为视口的边框新建一个图层，将视口边界设置为该图层，并且将该图层设置为非打印状态。此时使用打印功能就不会再显示出视口边界线。

10. 多视口的设置

在 AutoCAD 的绘图工作中，在一张图纸上布置不同比例的图形是很常见的情况。此时就可以使用多个视口对图纸进行布局。

例如，现需要绘制如图 8-18 所示详图图纸，图纸内有三个大样图，分别为楼梯二层平面图、1 号详图和 2 号详图。

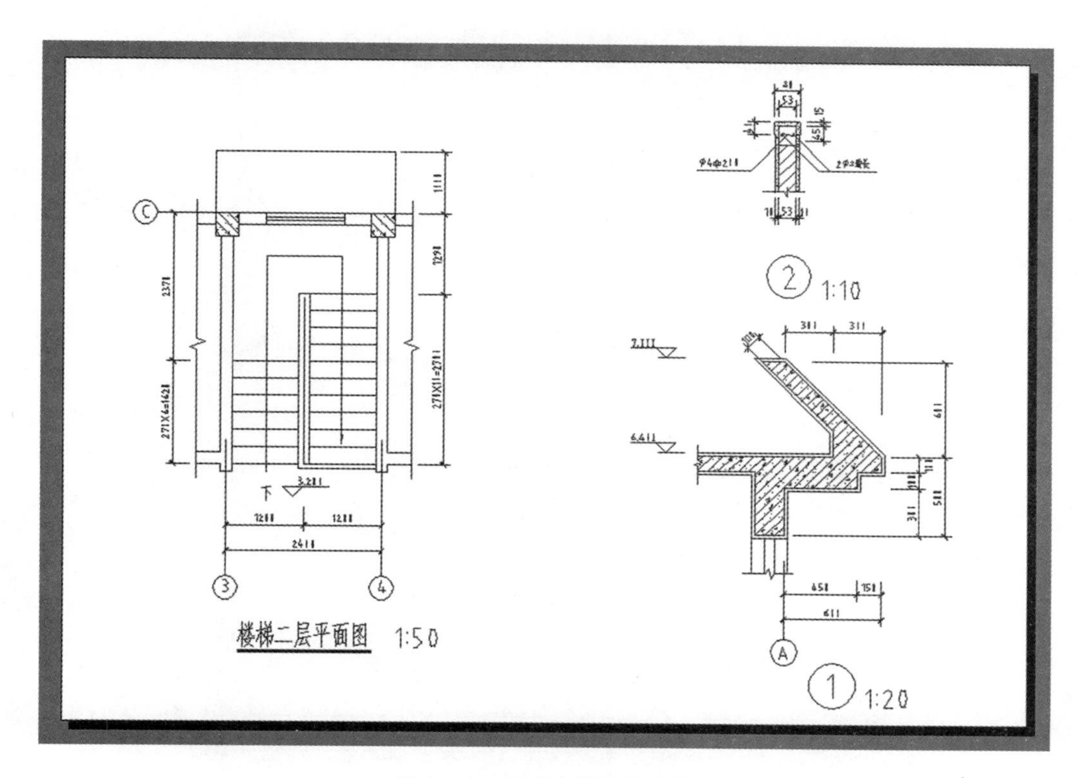

图 8-18　三个大样图的布局

从图中可以得出，楼梯二层平面图的比例为 1∶50，1 号详图的比例为 1∶20，2 号详图的比例为 1∶10。由于绘图时是按照 1∶1 的比例进行绘制，因此要对各种图的比例进行缩放，以使其达到需要的比例缩放效果。

（1）新建视口

菜单栏中选择：“视图 | 视口 | 新建视口”。

执行命令后，弹出的对话框如图 8-19 所示。

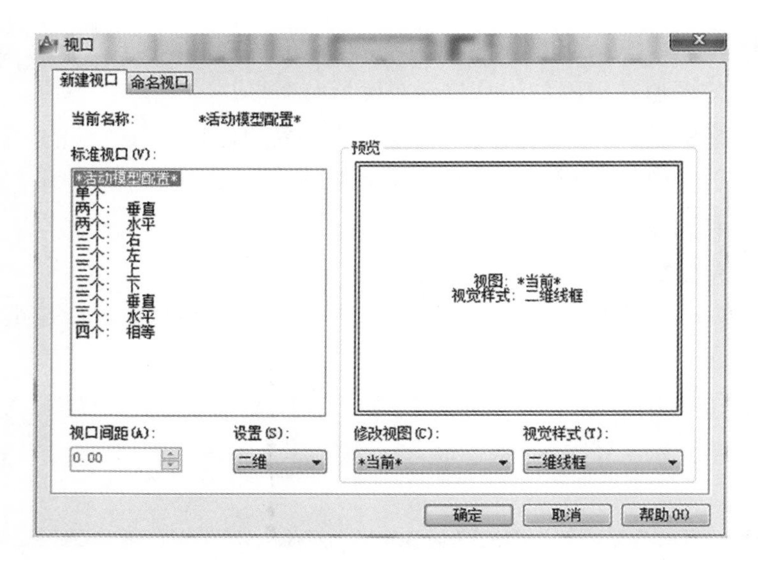

图 8-19 新建视口

在"视口"对话框中，可以选择新建视口的数量和排布类型。点选每个标准视口的类型，在右侧的"预览"框中将会显示出该类型的视口的排布方式。例如选择"三个：左"时，对话框预览情况如图 8-20 所示。

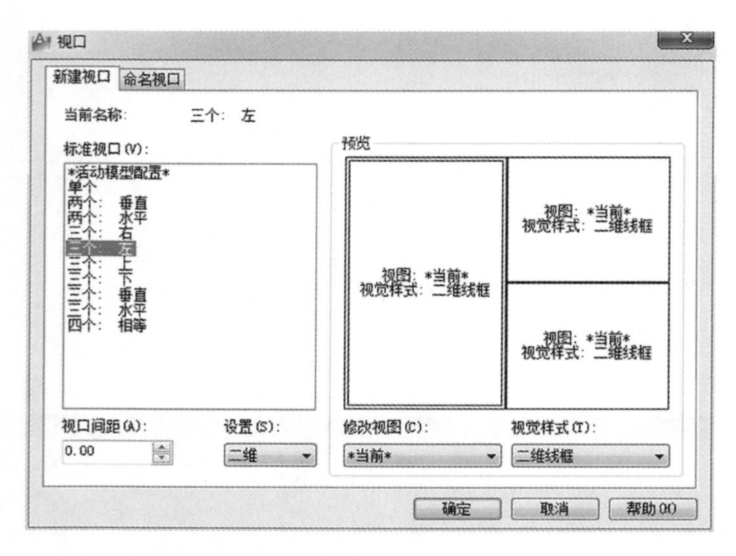

图 8-20 "三个：左"视口

由于在该图中，需要绘制 3 个图形，因此选择建立 2 个视口。布局空间中默认已有 1 个视口。可以新建 2 个视口，也可以一次选择新建 3 个视口，删除原有视口。选择新建视口完毕后，点击"确定"按钮，则系统回到布局空间，视口如图 8-21 所示。

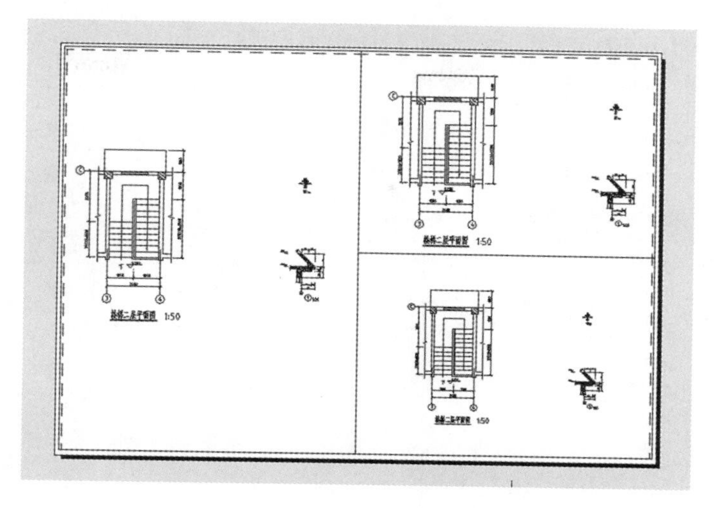

图 8-21　新建视口的效果

此时布局中的 3 个视口按照“三个：左”的方式排布。每个视口中均可以显示出所有的图形，可以分别对其进行操作。

（2）设置视口自定义比例

按照上文提到的办法，可以在菜单栏中选择：“修改 | 特性”，打开视口的“特性”对话框，在对话框中按照图纸预设的比例来进行设置。将布局空间左侧的视口的自定义比例设置为 1∶50；将布局空间右侧上方的视口的自定义比例设置为 1∶10，下方的视口自定义比例设置为 1∶20。设置完毕后，对每个视口内显示出的图形进行调整，将其调整为与之相对应的详图，即布局空间左侧的视口布置楼梯二层平面图，右侧上方的视口布置 2 号详图，下方的视口布置 1 号详图。布置完毕后，如图 8-22 所示。

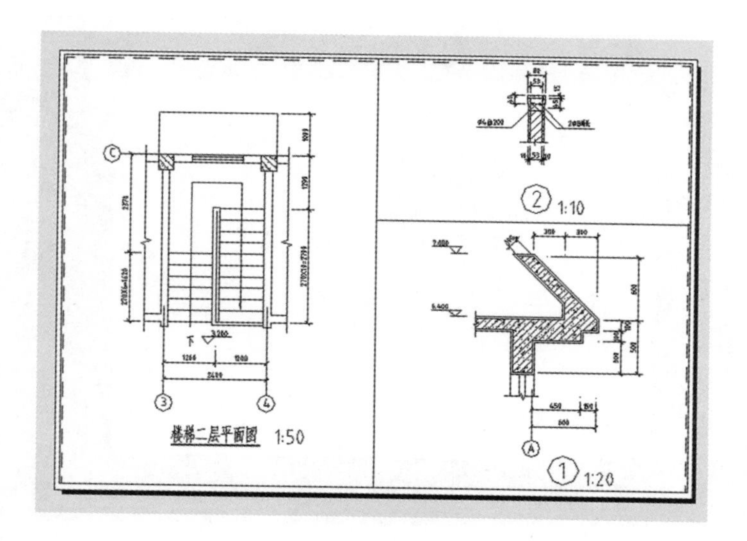

图 8-22　自定义比例后的视口

此时各个视口中的图形已经按照其所设定的比例显示在布局空间中。为了避免无谓的操作导致视口中图形的比例发生变化，可以将视口的特性中的“显示锁定”设置为“是”，即锁定该视口的显示比例，如图 8-23 所示。

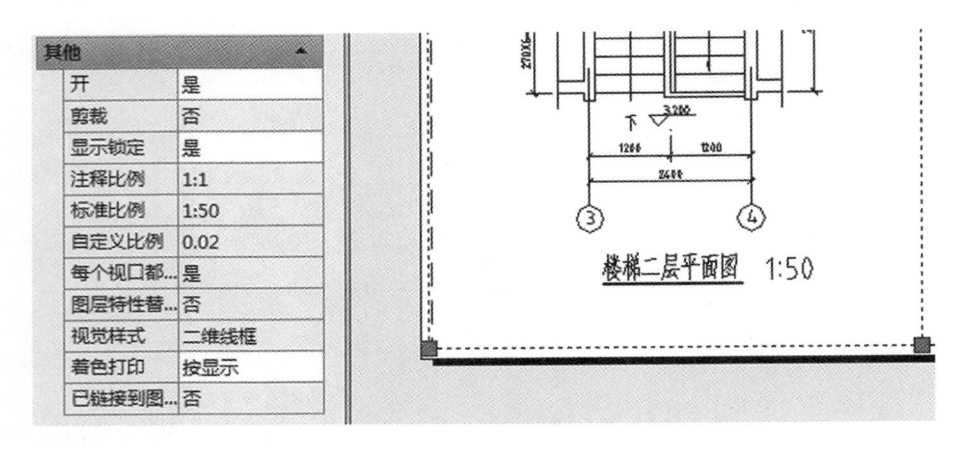

图 8-23　显示锁定

(3) 隐藏视口边界线

新建图层，将其命名为“视口”。同时在布局空间中，把三个视口的边界线设置为“视口”图层。进入“图层特性管理器”，将“视口”图层设置为“非打印状态”。由此，视口的边界线框将不会出现在打印的图纸中。

(4) 打印预览

在布局空间的页面设置已经完成的基础上，点击“打印预览”，如图 8-24 所示。

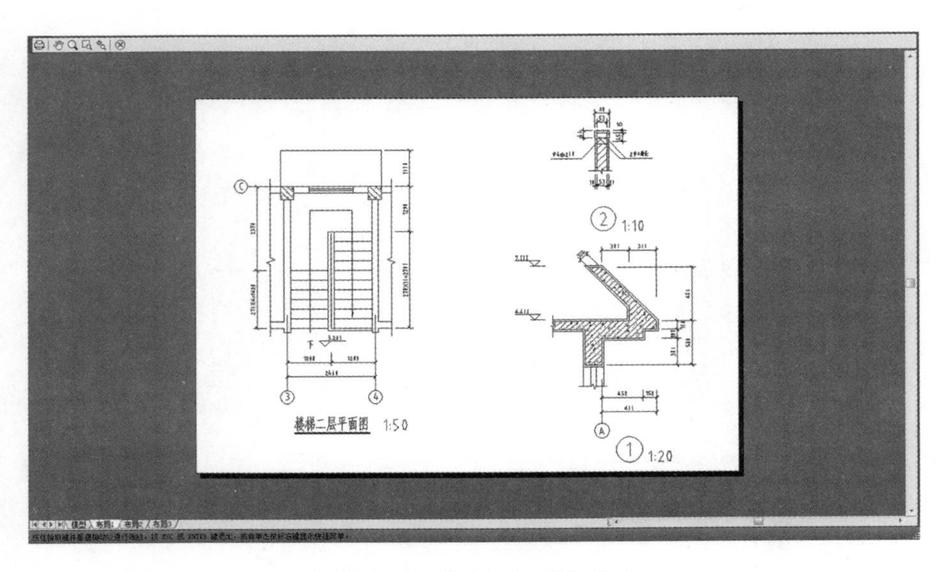

图 8-24　多视口布局后的效果

由此，3 个视口的布局空间已经设置完成，点击打印后，3 个大样图将按照各自设定的比例显示在图纸上。

11. 操作技巧

（1）利用布局对 AutoCAD 中的图形文件进行排版布置时，首先要按照 1:1 的比例进行绘图。这样在绘图时方便，同样在使用图纸空间进行布局和出图打印的时候也很方便。在绘图比例 1:1 的基础上，页面设置的打印比例同样也需要设置为 1:1。

（2）在图纸的布局中，视口的范围是可以超过虚拟图纸本身大小的。但是摆放在虚拟图纸范围外的图形在打印时是无法显示的，只有虚拟图纸范围内的图形，才可以被打印出来。因此在布局排版的时候，要注意将所有的视口内的图形放置在虚拟图纸的范围以内。

（3）在出图打印的前期准备中，可以预先利用 AutoCAD 本身的布局功能，将出图的图幅、比例、样式、颜色等以及输出的方式设置好。这样既可以保证在绘图过程中没有后顾之忧，又可以为最后的出图打印工作带来便利。

（4）在实际绘图工作中，对于经常用到的出图页面设置和图幅图框，可以绘制完图框和设置好页面之后，将该图幅文件保存为 AutoCAD 图形样板，即 *.dwt 格式，如图 8-25 所示。

图 8-25　图形样板的保存

保存了常用的图形样板文件之后，以后每次绘制相同页面设置的图纸时只要用该图形样板新建文件就可以再次使用，不需要重复设置。

【任务总结】

1. 对利用布局空间进行排版的步骤进行总结。
2. 对布局空间中多个视口的建立和操作方法进行复习和巩固。
3. 对模型空间和布局空间的相同和不同之处进行总结。

【任务拓展】

现有已绘制完成的 AutoCAD 图形文件，包括一个建筑平面图和一个建筑详图。要求用 A2 图幅进行出图，建筑平面图的比例为 1∶100，建筑详图的比例为 1∶10。试利用两个不同的视口对图纸进行布局。

任务报告：

任务 8.2 输出打印

【任务内容】

对任务 8.1 中已经完成布局的图纸进行出图打印。

【任务分析】

1. 会进行绘图仪的管理和添加。
2. 会进行打印的设置，并完成出图打印。

【任务实施】

1. 打印机设置

AutoCAD 为用户提供了多种打印机类型。在使用打印命令前，先进入“绘图仪管理器”中对打印机进行配置。

在“文件”下拉菜单中，找到“绘图仪管理器”点击进入新窗口，如图 8-26 所示。

名称	修改日期	类型	大小
Plot Styles	2013/11/19 8:57	文件夹	
PMP Files	2014/8/25 15:48	文件夹	
Default Windows System Printer	2003/3/3 19:36	AutoCAD 绘图仪...	2 KB
DWF6 ePlot	2004/7/29 2:14	AutoCAD 绘图仪...	5 KB
DWFx ePlot (XPS Compatible)	2007/6/21 9:17	AutoCAD 绘图仪...	5 KB
DWG To PDF	2008/10/23 8:32	AutoCAD 绘图仪...	2 KB
PostScript Level 1 Plus	2014/8/26 13:55	AutoCAD 绘图仪...	2 KB
PublishToWeb JPG	2014/8/25 15:43	AutoCAD 绘图仪...	1 KB
PublishToWeb PNG	2014/8/25 15:48	AutoCAD 绘图仪...	1 KB
添加绘图仪向导	2013/11/19 8:57	快捷方式	1 KB

图 8-26　绘图仪管理器

在绘图仪管理器中显示出目前已有的各种打印机名称。可以对已有的打印机进行配置的修改。双击需要配置的打印机，弹出新的窗口，如图 8-27 所示。

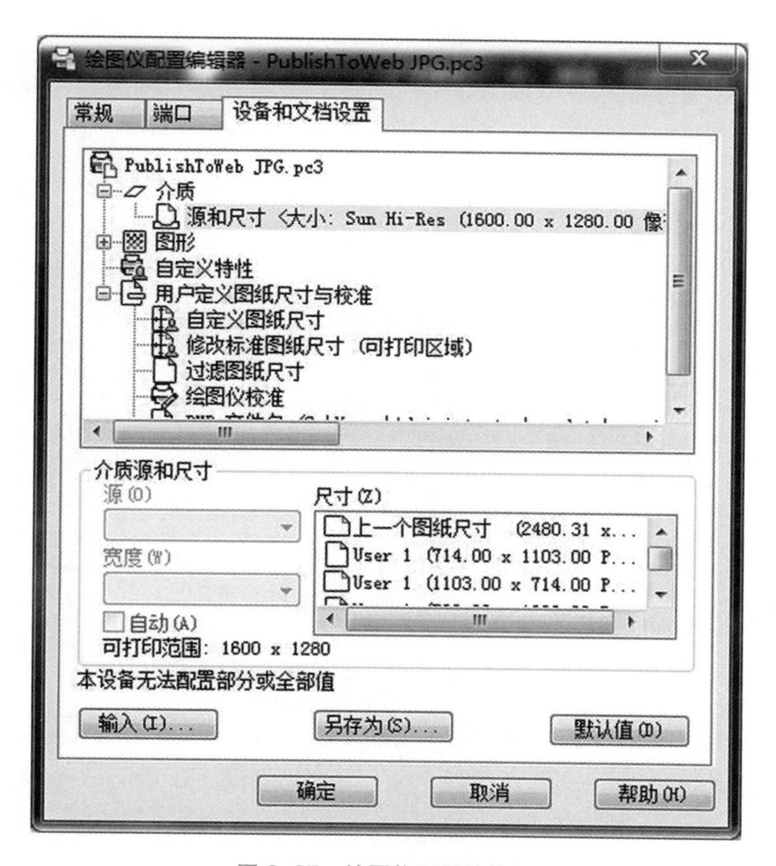

图 8-27　绘图仪配置编辑器

如果需要添加新的打印机，则在绘图仪管理器中进入“添加绘图仪向导”，如图 8-28 所示。

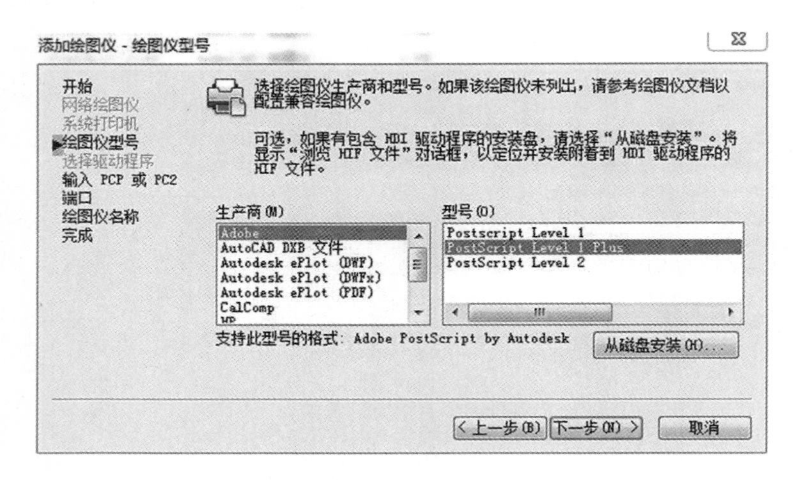

图 8-28　添加绘图仪向导

添加之后，新绘图仪将会出现在绘图仪管理器中，同时在打印时也将出现在打印机的名称下拉菜单中。

除此以外，还可以利用“文件”中的“打印样式管理器”预先对各种打印样式进行配置，如图 8-29 所示。

名称	修改日期	类型	大小
acad	1999/3/9 14:17	AutoCAD 颜色相...	5 KB
acad	1999/3/9 14:16	AutoCAD 打印样...	1 KB
Autodesk-Color	2002/11/21 19:17	AutoCAD 打印样...	1 KB
Autodesk-MONO	2002/11/21 20:22	AutoCAD 打印样...	1 KB
DWF Virtual Pens	2001/9/12 1:04	AutoCAD 颜色相...	6 KB
Fill Patterns	1999/3/9 14:16	AutoCAD 颜色相...	5 KB
Grayscale	1999/3/9 14:16	AutoCAD 颜色相...	5 KB
monochrome	1999/3/9 14:15	AutoCAD 颜色相...	5 KB
monochrome	1999/3/9 14:15	AutoCAD 打印样...	1 KB
Screening 25%	1999/3/9 14:14	AutoCAD 颜色相...	5 KB
Screening 50%	1999/3/9 14:14	AutoCAD 颜色相...	5 KB
Screening 75%	1999/3/9 14:13	AutoCAD 颜色相...	5 KB
Screening 100%	1999/3/9 14:14	AutoCAD 颜色相...	5 KB
添加打印样式表向导	2013/11/19 8:57	快捷方式	1 KB

图 8-29　打印样式管理器

在打印样式管理器中，已有打印样式的配置方法和添加打印样式表的方法，与绘图仪管理器的使用方法相同，在此不作赘述。

2. 执行打印命令

在 AutoCAD 操作界面下执行打印命令，有多种操作方式如下：

（1）菜单中选择：“文件 | 打印”。

（2）绘图工具栏中选择“打印”按钮。

（3）在命令行中输入 plot。

进入“打印”命令后，屏幕显示“打印”对话框，按下右下角的按钮，将对话框展开，如图 8-30 所示。

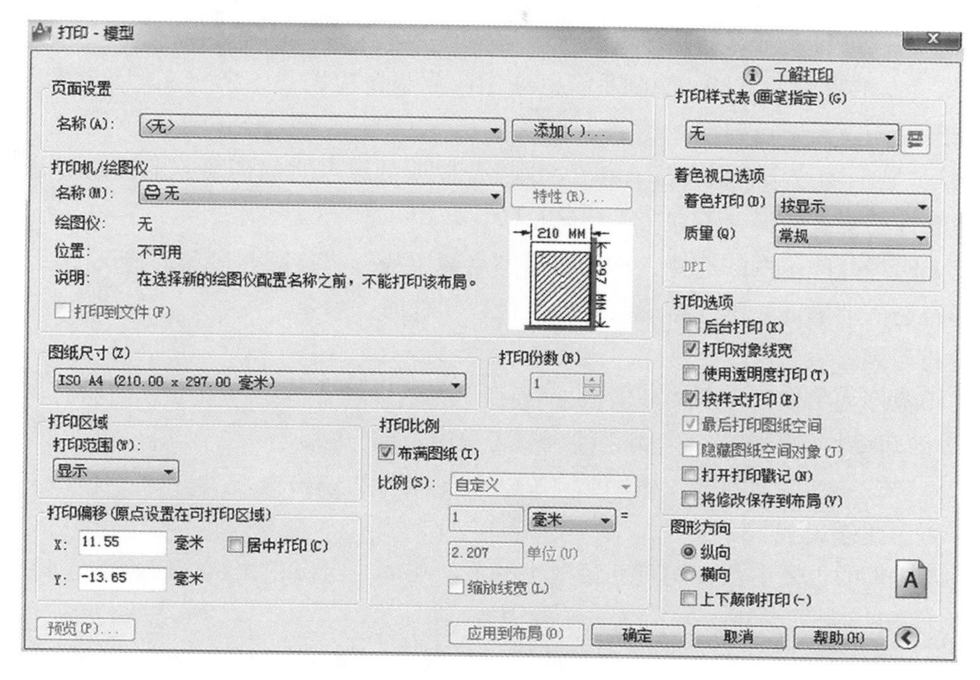

图 8-30 “打印”对话框

该对话框与布局中的图 8-5 类似。要注意的是，布局中的页面设置，是对整个布局进行设置，设置之后该布局的每次打印都将按照页面设置的情况进行。而在打印命令中进行设置，只是针对本次打印命令进行设置，不影响之前已经设置好的布局页面设置和下一次打印的设置。

3. 设置打印区域

按照之前在布局中介绍的页面设置的方法，对打印进行设置，选取合适的打印机、图纸尺寸、打印样式、打印比例和图形方向。除此以外，还需要设置打印区域。

打印区域的设置是为了控制在已经完成的 AutoCAD 图形文件中需要打印出来的范围。点击打印范围下的下拉菜单，如图 8-31 所示。

图 8-31 打印范围

对于打印范围内的几种选择，情况如下：

（1）“窗口”选项：用矩形框来选定打印范围的大

小。点击“窗口”按钮，可在模型空间内框选要打印的范围。这种操作方式简单方便，易于掌握。

(2)“范围”选项：该选项的打印范围与“范围缩放”命令相似，用于告诉系统打印当前绘图空间内所有包含对象的部分。当模型空间内的所有图形均需要打印，并且已经在模型空间内排布好之后，可以使用该选项。

(3)“图形界限”选项：控制系统打印当前层或由绘图界限所定义的绘图区域。该选项需要提前设置图形界限。

(4)“显示”选项：将当前 AutoCAD 操作界面的模型空间所显示的图形进行打印。该操作方式精确度较低，不宜用于精确打印。

以上四种打印范围的选择，均为在模型空间下执行“打印”命令的情况下使用。若要打印布局，则需要先进入布局空间后再执行“打印”命令。

4. 打印偏移设置

打印偏移是用来确定图形在图纸上的打印位置。

(1)“居中打印”复选框：用于控制是否居中打印。

(2)“X”、“Y”文本框：用于控制 X 轴和 Y 轴打印偏移量。

5. 打印比例设置

打印比例的设置方法，与页面设置中的方法相同。可以根据出图比例的需要自由设置打印比例。

另外需要注意的是，打印比例中的“布满图纸”勾选之后，AutoCAD 自动将打印范围布满整张选定的图纸，其打印比例自动计算。在有准确打印比例的要求下，不得使用“布满图纸”的功能。

6. 打印样式设置

打印样式的设置方法与任务 8.1 中关于布局的“页面设置”里提到的打印样式设置方法相同，在此不再赘述。

7. 打印预览

在设置好各种打印参数之后，与任务 8.1 中的布局的页面设置预览一样进行打印预览，也可以通过“打印”对话框左下角的“预览”按钮进行打印预览。打印预览是一个非常好用的功能命令。通过打印预览，可以在出图打印之前预先观察文件打印的设置情况是否与自己的需要相符。对于不符之处，可以再次进行调整和设置。当预览情况符合要求之后，可以确认执行打印命令，进行出图打印。

8. 虚拟打印

AutoCAD 中提供了一种将图形打印为电子文件的功能，称为虚拟打印。通过虚拟打印，可以不打印纸质的图纸，而是在电脑硬盘中创建一个新的图形文件，将 AutoCAD 中的图形以 JPG、PNG 等各种格式的文件保存下来，以便于将其放入其他图形处理文件中进行使用。例如，将 AutoCAD 中的建筑工程图保存为 JPG 格式的图片，再利用 Photoshop 软件对 JPG 图片进行处理，以满足实际工作需要。

虚拟打印是通过选择虚拟绘图仪来进行的。在进行虚拟打印时，首先要选择需要的虚拟绘图仪，之后再对打印的其他参数进行设置。设置完毕点击确认后，系统会自动弹出对话框，如图 8-32 所示。

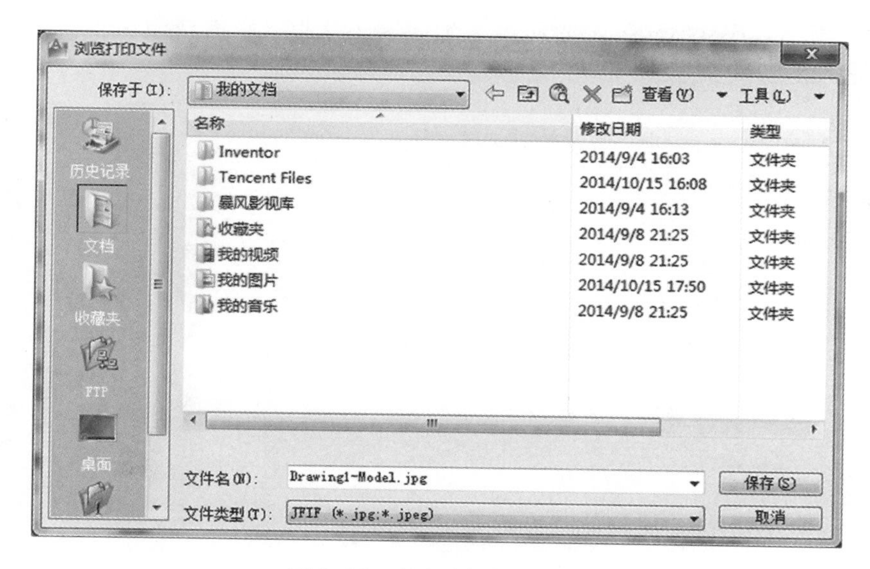

图 8-32　保存虚拟打印文件

此时系统需要对输出打印所产生的新图像文件进行命名和保存。通过该对话框可以将输出的文件进行保存。AutoCAD 提供了多种虚拟打印的方式。通过输出打印，可以将 AutoCAD 图形文件转换为 XPS、JPG、PNG、PDF 等多种格式的文件。

9. 操作技巧

（1）在 AutoCAD 的输出打印过程中，对于图形中某些不需要打印出来的部分，可以专门设置图层，将其全部归到该图层下，然后在“图层特性管理器”中把该图层设为非打印状态。这样就能够方便地对控制图形文件是否需要打印进行设置。

（2）在输出打印前，应当对图纸进行检查，查看是否有跑字、丢字、图形移位和尺寸标注移位、图形文件版本不兼容等情况。充分利用打印预览命令可以有效地预防打印错误。

【任务总结】

1. 对绘图仪的设置和管理方法进行总结。
2. 对出图打印的设置步骤和技巧进行复习和巩固。
3. 对虚拟打印到文件的方法进行总结。

【任务拓展】

1. 将任务 8.1 中已布局的图形文件用 A3 纸进行打印，打印比例为建筑平面图 1∶200、建筑详图 1∶20，打印样式为 monochrome.ctb 样式。

2. 将任务 8.1 中已布局的图形文件进行虚拟打印，形成 JPG、PNG、XPS 文件各一份，要求用 A2 图幅，打印比例为建筑平面图 1∶100、建筑详图 1∶10，打印样式为 monochrome.ctb 样式，居中打印，使用窗口选定打印范围。

任务报告：

项目 9 建筑实体模型创建

【项目描述】

建筑模型是一种三维立体模型，可以直观地体现设计意图，弥补图纸在表现上的局限性，通过建筑模型，可以得到所有建筑构件所包含的信息。

【任务内容】

1. 创建用户坐标。
2. 三维动态观察器的运用。
3. 布尔运算。

【任务分析】

1. 建筑模型中坐标的运用。
2. 会用三维观察，查看模型。
3. 会用布尔运算创建实体模型。

【任务实施】

1. 用户坐标

在三维空间中绘图，用户可以建立自己专用的坐标系，利用 UCS 功能，可以方便地创建各种立体图。

（1）命令输入方式

1）菜单栏中选择“工具|新建 UCS”。

2）UCS 工具栏中选择“UCS”按钮 。

3）在命令行输入：UCS。

(2)“命名 UCS”选项卡

“命名 UCS”选项卡（图 9-1）：该选项会显示已存在的 UCS，并且可以设置当前坐标。在选项中可以选择用户需要的 UCS 为当前坐标，需要了解该坐标的详细信息，可以通过单击“详细信息”查看（图 9-2）。

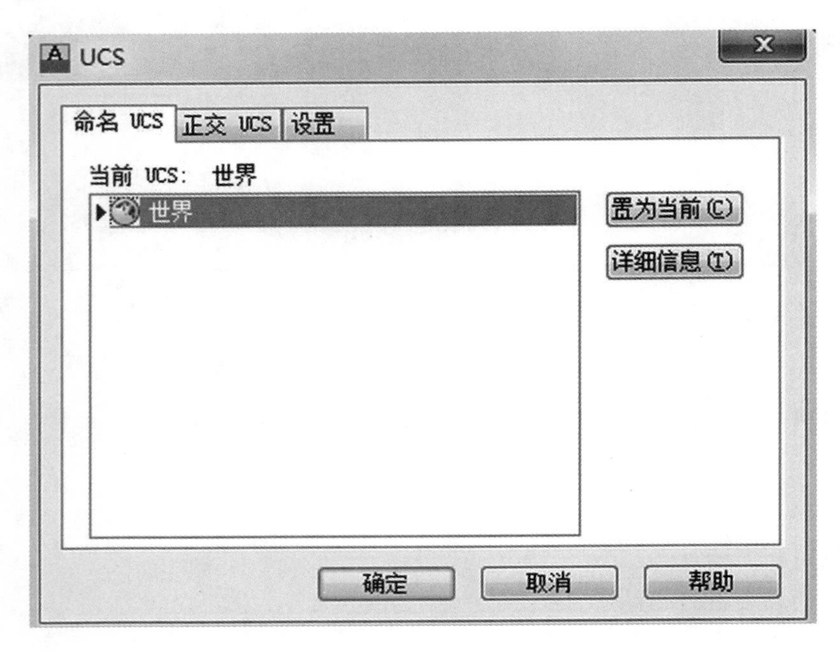

图 9-1 “命名 UCS”选项卡

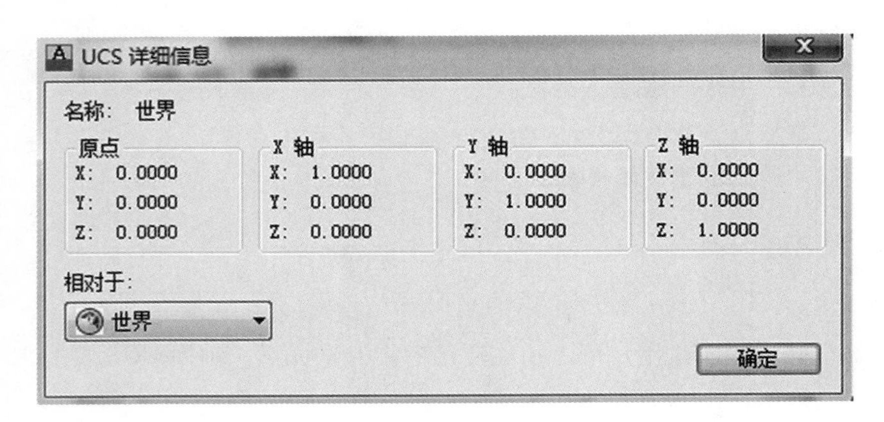

图 9-2 UCS 详细信息

(3)“正交 UCS”选项卡

“正交 UCS”选项卡列出了当前图形中定义的 6 个正交坐标系，可以将 UCS 设置成正交模式。选项卡中的各个功能可以通过在坐标系的名称上单击鼠标右键来实现（图 9-3）。

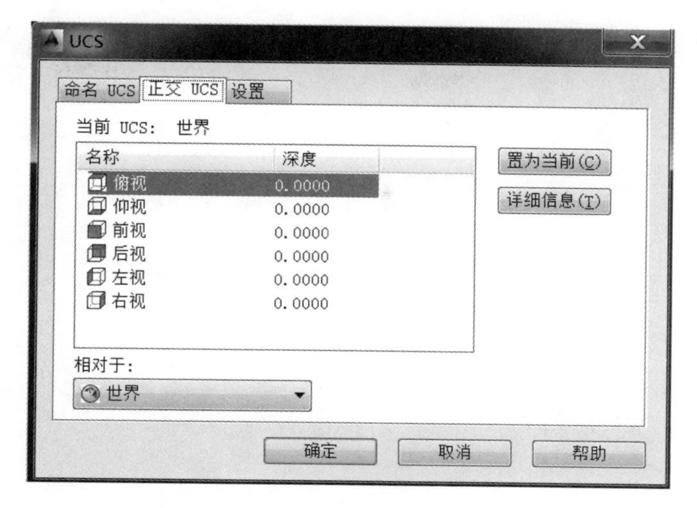

图 9-3 “正交 UCS”选项卡

（4）“设置”选项卡

“设置”选项卡用于设置、修改 UCS 图标的显示形式、应用范围等，有 UCS 图标设置和 UCS 设置选项卡（图 9-4）。

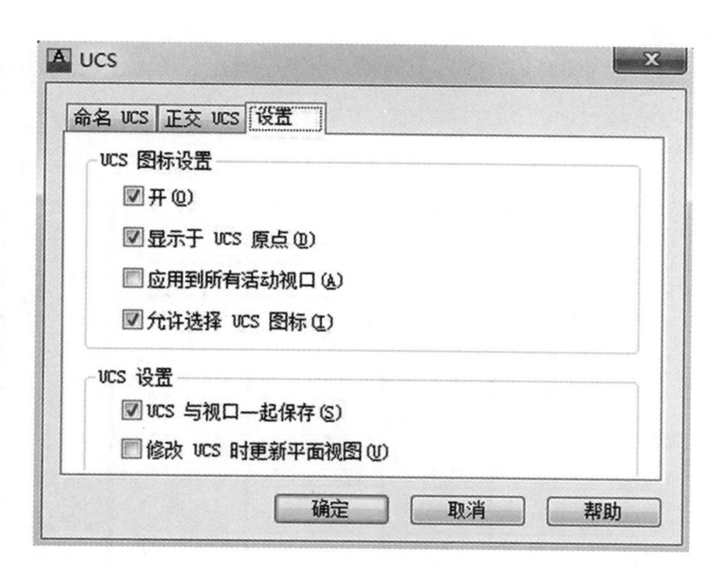

图 9-4 “设置”选项卡

2. 三维实体命令

（1）拉伸

1）菜单栏中选择“绘图 | 建模 | 拉伸”。

2）建模工具栏中选择“拉伸”按钮 。

3）在命令行输入 EXTRUDE。

操作步骤：命令行输入 EXTRUDE →选择对象（对象选择好后，可以自己定义方向，默认情况下，对象沿 Z 轴拉伸）→输入正值或负值（正值或负值表示拉伸的方向，上或下）（图 9-5、图 9-6）。

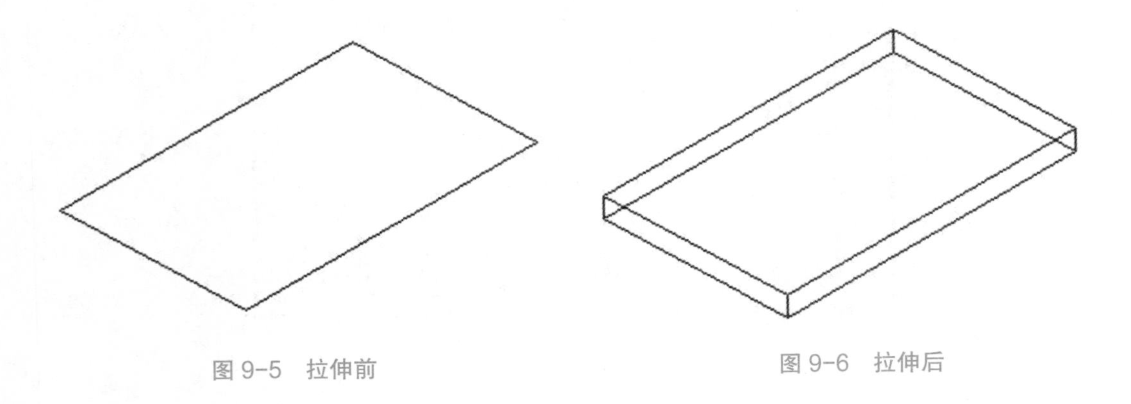

图 9-5　拉伸前　　图 9-6　拉伸后

（2）旋转

1）菜单栏中选择“绘图 | 建模 | 旋转”。

2）建模工具栏中选择“旋转”按钮。

3）在命令行输入 REVOLVE。

操作步骤：命令行输入 REVOLVE →选择对象→指定轴起点或设置 X/Y/Z →指定旋转角度（输入正值为逆时针，负值为顺时针旋转）（图 9-7 ～图 9-9）。

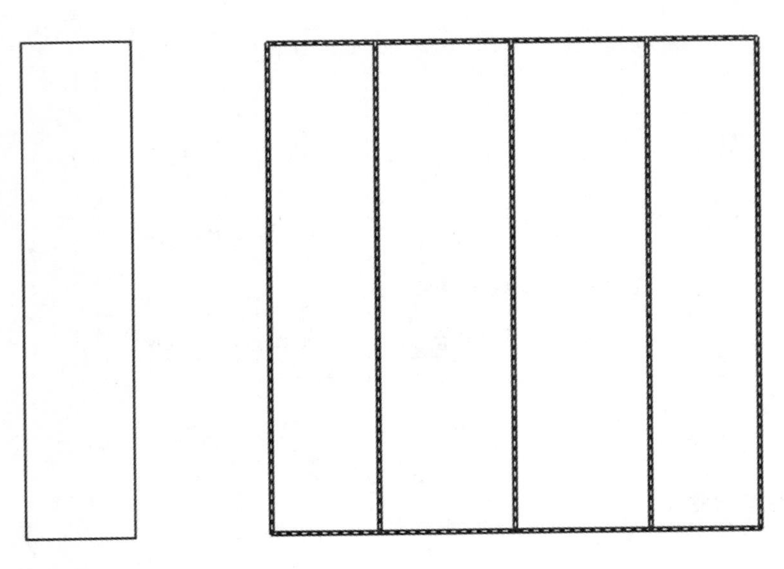

图 9-7　旋转前　　图 9-8　旋转 180° 后

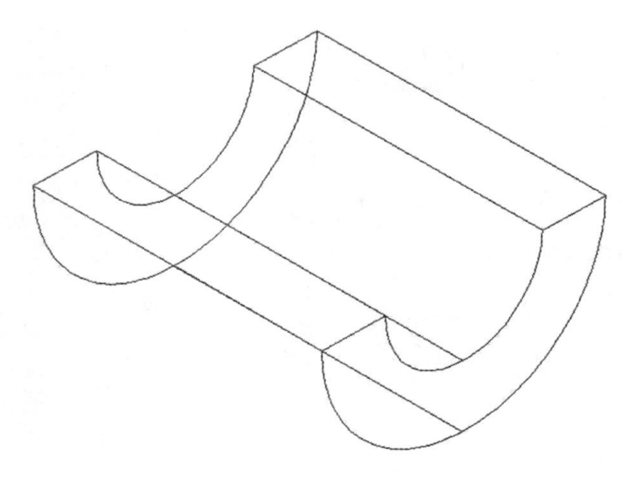

图 9-9　旋转 180° 后立体图

（3）扫掠

1）菜单栏中选择“绘图 | 建模 | 扫掠”。

2）建模工具栏中选择“扫掠”按钮 。

3）在命令行输入 SWEEP。

操作步骤：命令行输入 SWEEP →选择要扫掠的对象→选择扫掠路径或 [对齐 (A)/ 基点 (B)/ 比例 (S)/ 扭曲 (T)]: 选择扫掠路径或输入选项。

对齐（A）选项：

扫掠前对齐垂直于路径的扫掠对象 [是 (Y)/ 否 (N)] < 是 >:（输入 no 指定轮廓无需对齐或按 ENTER 键指定轮廓将对齐）

指定是否对齐轮廓以使其作为扫掠路径切向的法向。默认情况下，轮廓是对齐的。

基点（B）选项：

指定基点 :（指定选择集的基点）

指定要扫掠对象的基点。如果指定的点不在选定对象所在的平面上，则该点将被投影到该平面上。

比例（S）选项：

输入比例因子或 [参照 (R)] <1.0000>:（指定比例因子、输入 r 调用参照选项或按 ENTER 键指定默认值）

指定比例因子以进行扫掠操作。从扫掠路径的开始到结束，比例因子将统一应用到扫掠的对象。

参照（R）选项：

指定起点参照长度 <1.0000>：（指定要缩放选定对象的起始长度）

指定终点参照长度 <1.0000>：（指定要缩放选定对象的最终长度）

通过拾取点或输入值来根据参照的长度缩放选定的对象（图 9-10、图 9-11）。

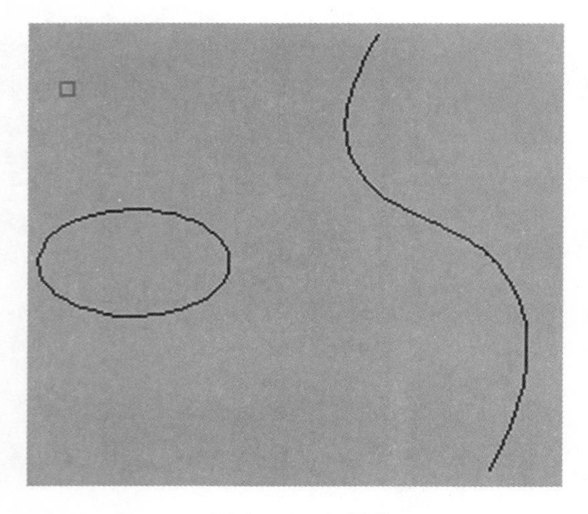

图 9-10　扫掠前

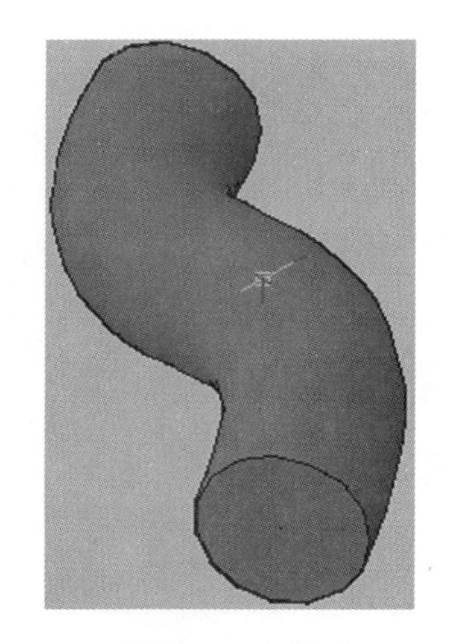

图 9-11　扫掠后

输入命令 SWEEP →选择要扫掠的对象（图 9-10 中的“圆”）→选择扫掠路径（图 9-10 中的“样条曲线”）。

（4）放样

1）菜单栏中选择“绘图 | 建模 | 放样”。

2）建模工具栏中选择“放样”按钮。

3）在命令行输入 LOFT。

操作步骤：命令行输入 LOFT →按放样次序选择横截面→输入选项 [导向（G）/ 路径（P）/ 仅横截面（C）]（图 9-12、图 9-13）。

引导即使用指定的导向曲线来控制放样实体或曲面形状（图 9-14）。

路径可以指定放样实体或曲面的单一路径（图 9-15）。

仅横截面表示只使用横截面来控制实体的形状（图 9-16）。

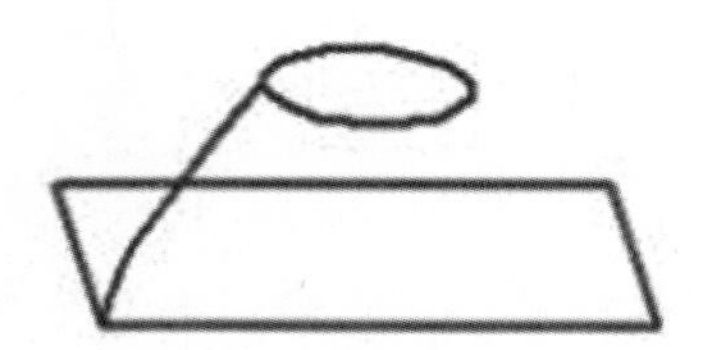

图 9-12　引导、路径放样前

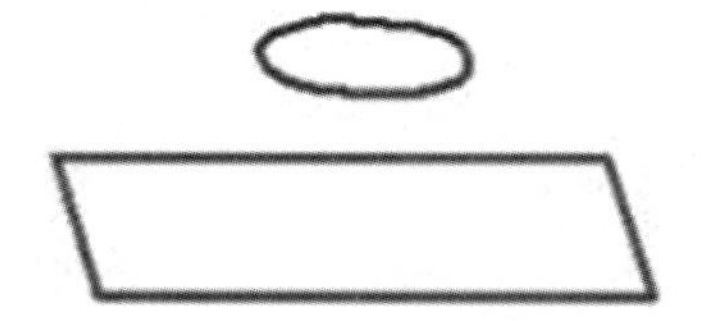

图 9-13　横截面放样前

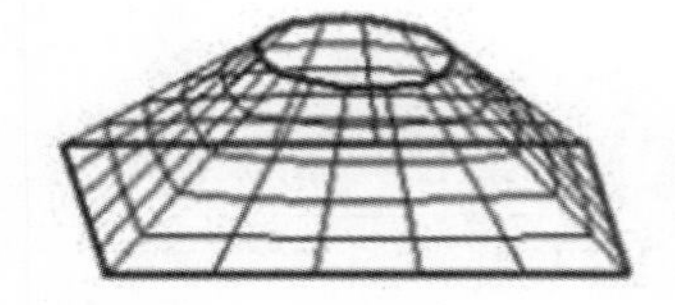

图 9-14　引导放样

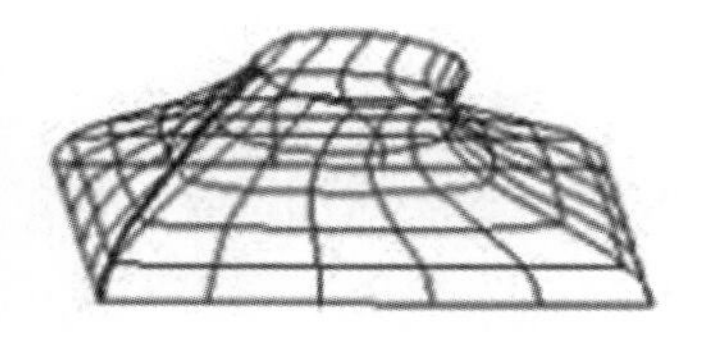

图 9-15　路径放样

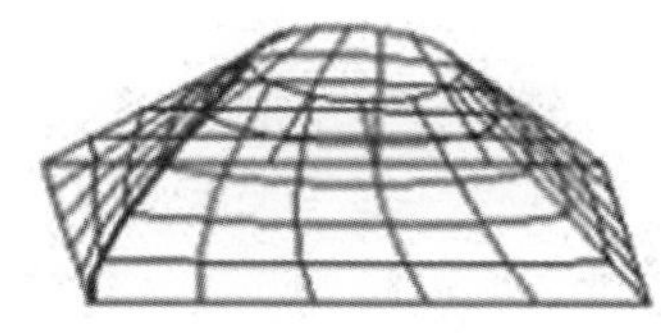

图 9-16　仅横截面放样

在命令栏中输入 loft 启动放样命令，选择横截面后，此时提示“输入选项 [导向 (G)/ 路径 (P)/ 仅横截面 (C)]< 仅横截面 >:”，系统默认使用“仅横截面”定义放样，回车，弹出“放样设置”对话框（图 9-17）。

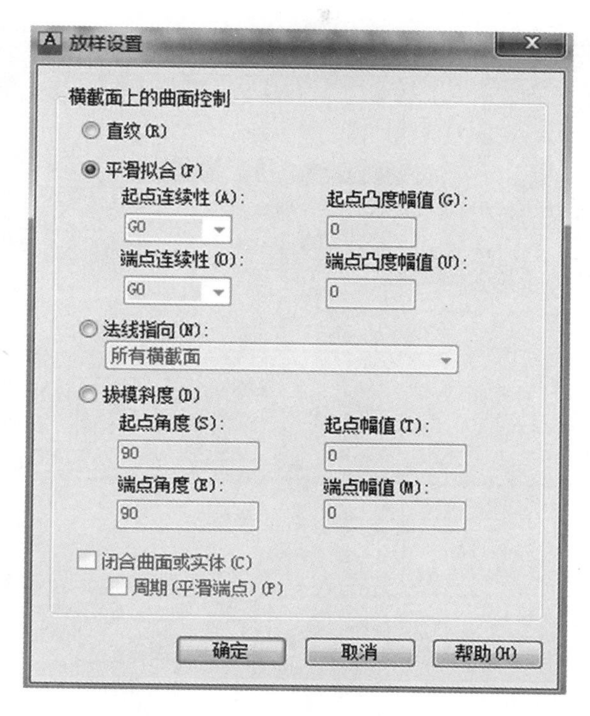

图 9-17　放样设置

直纹：指定创建的实体或曲面在横截面之间是直的，并且在起点和端点处具有鲜明的边界线。

平滑拟合：指定创建的实体或曲面在横截面之间是平滑的，并且在起点和端点处具有鲜明的边界线。

法线指向：控制创建的实体或曲面在横截面处的法向。

拔模斜度：控制实体或曲面的起点和端点处的拔模角度和幅值，从曲面向外的方向为拔模角度的 0°。起点角度指定起点的拔模角度；端点角度指定端点的拔模角度；起点幅值指在曲面开始弯向下一个横截面之前，在拔模方向上，控制曲面到起点横截面的相对距离；端点幅值指从上一个横截面到端点横截面之间，在拔模方向上，控制曲面到端点横截面的相对距离。

3. 三维显示

（1）视图管理器

1）菜单栏中选择“视图 | 命名视图”。

2）视图工具栏中选择“命名视图”按钮 。

3）在命令行输入 VIEW。

操作步骤：在命令行输入“VIEW”后，激活“视图管理器”对话框（图 9-18）。在对话框中选择要显示的视图，单击“置为当前”按钮把它设置为当前视图。执行该操作也可以通过“视图 | 三维视图”命令实现 (图 9-19)。

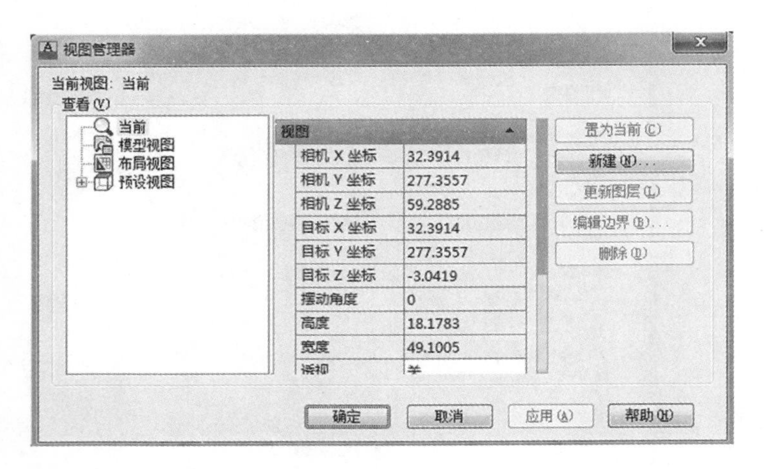

图 9-18　视图管理器

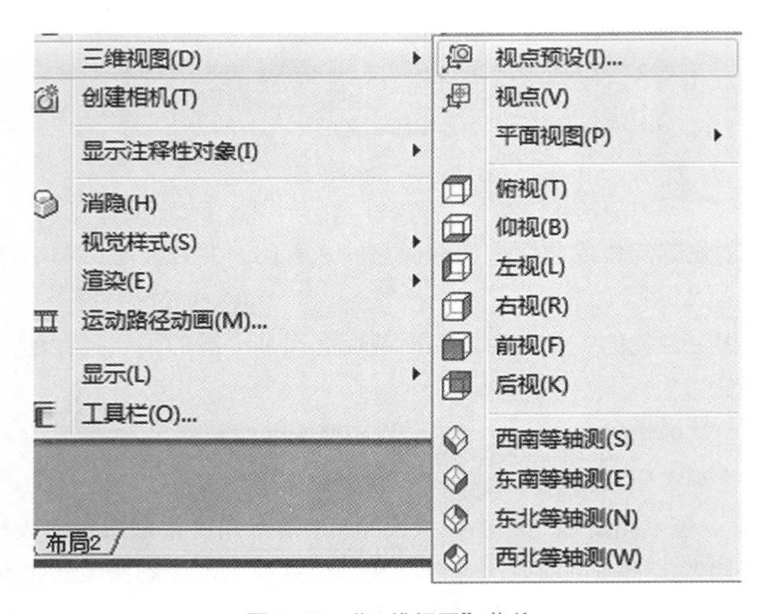

图 9-19　“三维视图”菜单

（2）三维动态观察

1）连续动态观察

①菜单栏中选择“视图 | 动态观察 | 连续动态观察”（图 9-20）。

②动态观察工具栏中选择“连续动态观察”按钮。

③在命令行输入 3DCORBIT。

操作步骤：按住左键沿任何方向拖动光标，模型沿拖动后的方向开始旋转。

2）受约束动态观察

①菜单栏中选择“视图 | 动态观察 | 受约束动态观察”（图 9-21）。

②动态观察工具栏中选择“受约束动态观察”按钮。

③在命令行输入 3DORBIT。

操作步骤：将动态观察约束到 XY 平面或 Z 方向。

（3）自由动态观察

①菜单栏中选择“视图 | 动态观察 | 自由动态观察”（图 9-22）。

②动态观察工具栏中选择“自由动态观察”按钮。

③在命令行输入 3DFORBIT。

操作步骤：自由动态观察显示为一个球星型，球线上有 4 个点，表示不同的旋转方向，拖到光标就能旋转。

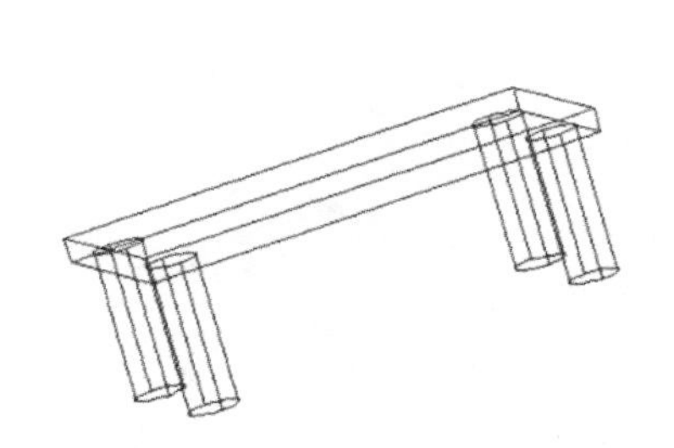

图 9-20　连续动态观察

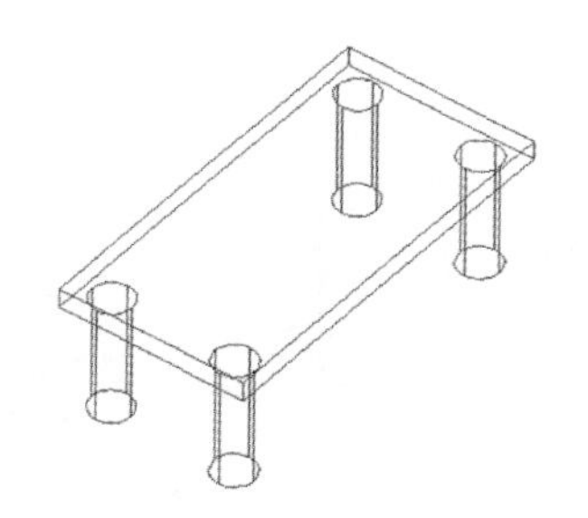

图 9-21　受约束动态观察

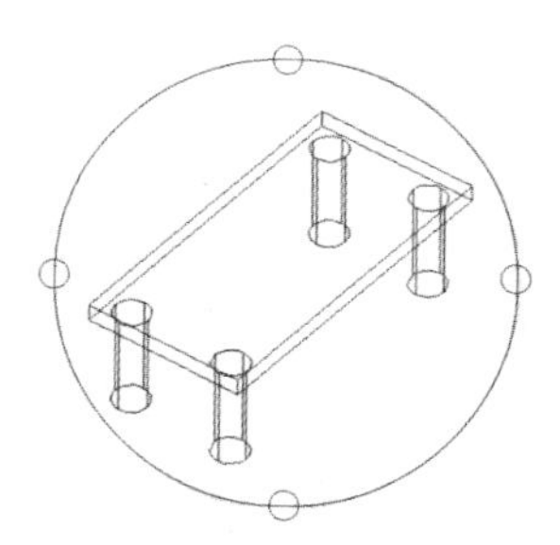

图 9-22　自由动态观察

4. 布尔运算创建实体

用布尔运算创建实体，是指在实体之间通过“并集”、“差集”、“交集”的逻辑运算生成复杂的三维实体。

（1）并集

1）菜单栏中选择“修改 | 实体编辑 | 并集”（图 9-23、图 9-24）。

2）实体编辑工具栏中选择“并集”按钮。

3）在命令行输入 UNION。

操作步骤：输入 UNION →选择要合并的对象（可选择多个）→回车。

（2）差集

1）菜单栏中选择“修改 | 实体编辑 | 差集”（图 9-23、图 9-25）。

2）实体编辑工具栏中选择“差集”按钮。

3）在命令行输入 SUBTRACT。

操作步骤：输入 SUBTRACT →选择被减的对象→回车。

（3）交集

1）菜单栏中选择“修改 | 实体编辑 | 交集”(图 9-23、图 9-26)。

2）实体编辑工具栏中选择“交集”按钮 ⓞ。

3）在命令行输入 INTERSECT。

操作步骤：输入 INTERSECT →选择被减的对象→回车。

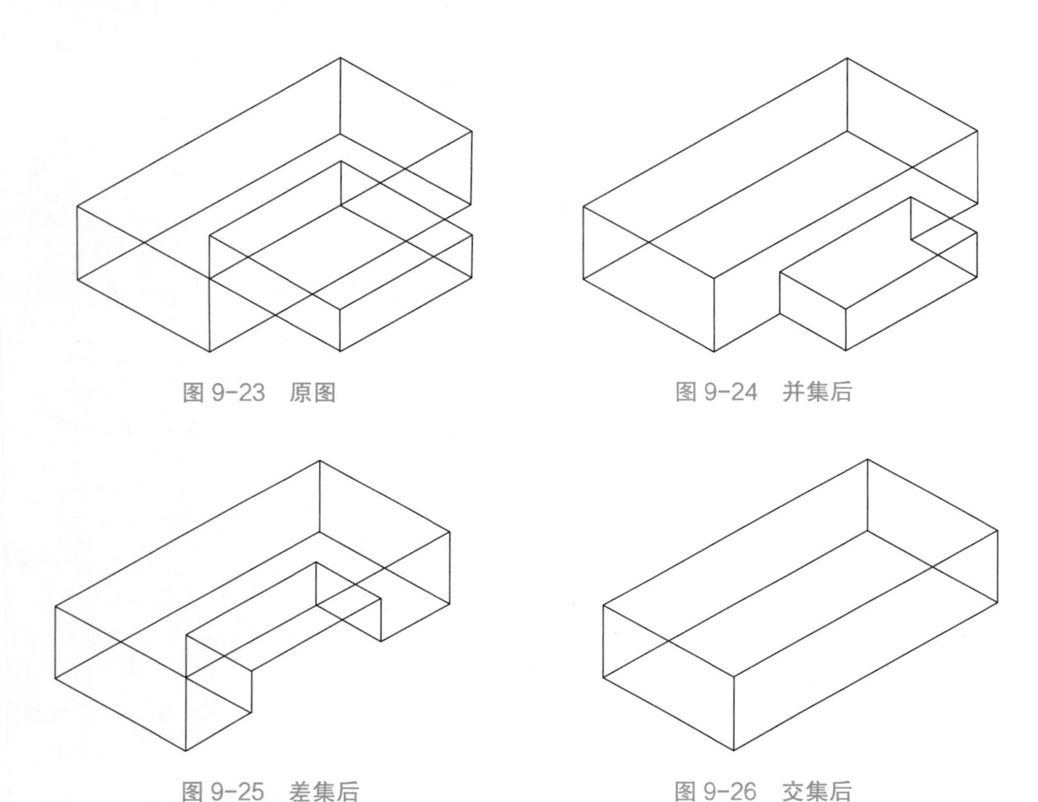

图 9-23 原图

图 9-24 并集后

图 9-25 差集后

图 9-26 交集后

【任务总结】

1. 通过三维知识学习，懂得三维命令的操作。
2. 通过练习，掌握三维命令，并能独立完成简单的实体建模。

【任务拓展】

运用三维知识创建一张 1500 × 1500 的餐桌

任务报告：

参考文献

[1] 邹玉堂. AutoCAD2014实用教程（第4版）[M].北京：机械工业出版社，2013.

[2] 杨碧香. 建筑CAD教程[M]. 北京：中国建筑工业出版社，2010.

[3] 陈志明. 中文版 AutoCAD 2013快捷制图速查通[M]. 北京：机械工业出版社，2012.

[4] 江洪，肖文，徐兴. AutoCAD2013工程制图（第4版）[M]. 北京：机械工业出版社，2013.

[5] 陈超. 建筑CAD项目工作手册[M]. 北京：中国建筑工业出版社，2014.

[6] 黄洁. 建筑工程实例图册[M]. 北京：中国建筑工业出版社，2014.

[7] 中国建设教育协会. 建筑CAD技能实训[M]. 北京：中国建筑工业出版社，2012.